ビーチコーミングをはじめよう〈海辺の漂着物さがし〉

石井　忠

木星舎

表紙イラスト

石井　忠

本文の挿画　イラスト　版画　カット

石井　忠　齋藤美奈子　林　重雄

本文写真

石井　忠　陶山　修　藤本健八　鈴木弘仁　他

「オーイ！　海君」

海が見える砂丘から大声で叫び、砂丘を駆けおりて波打ち際へ……。

そうして四十年が過ぎました。

海で見たこと、拾ったもの、調べたことを絵と写真でまとめてみました。

たくさんの出会いがありましたが、これは、そのほんの一部です。

さあ、一緒に海岸を歩いてみましょう。

プラスチック製木馬の漂着（福津市の海岸）

神宿る沖ノ島　　画　石井　忠

ビーチコーミングをはじめよう・もくじ

海辺とともに

海流に乗って

プラスチック
ガラス
木製
竹製
ひっかける
ウス
杵

いろいろ漂着する

棒
ライター
プラスチックのオモチャ
牛乳パック

＊扉の写真は、海の中道に漂着していたニッキ水のビン

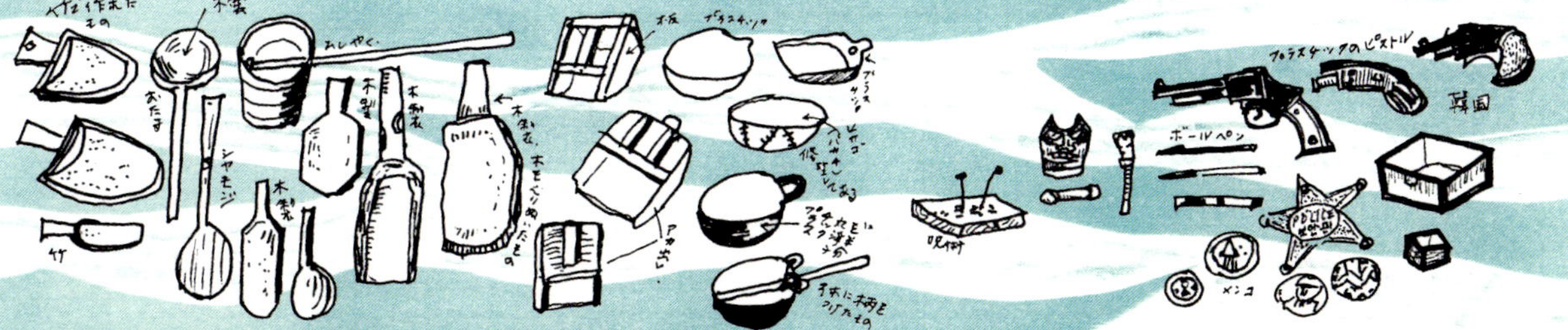

凡例

・登場人物の役職等については、執筆当時のままとする。
・本文中の市町村名は本書発行時のものとし、旧町名、市名は、本書初出時に括弧内に現町名、市名を入れる。
・本書掲載の引用・参考文献は本文中もしくは巻末に記する。
・引用文中の□は、原文で不明のものである。

福津市勝浦浜

海辺とともに

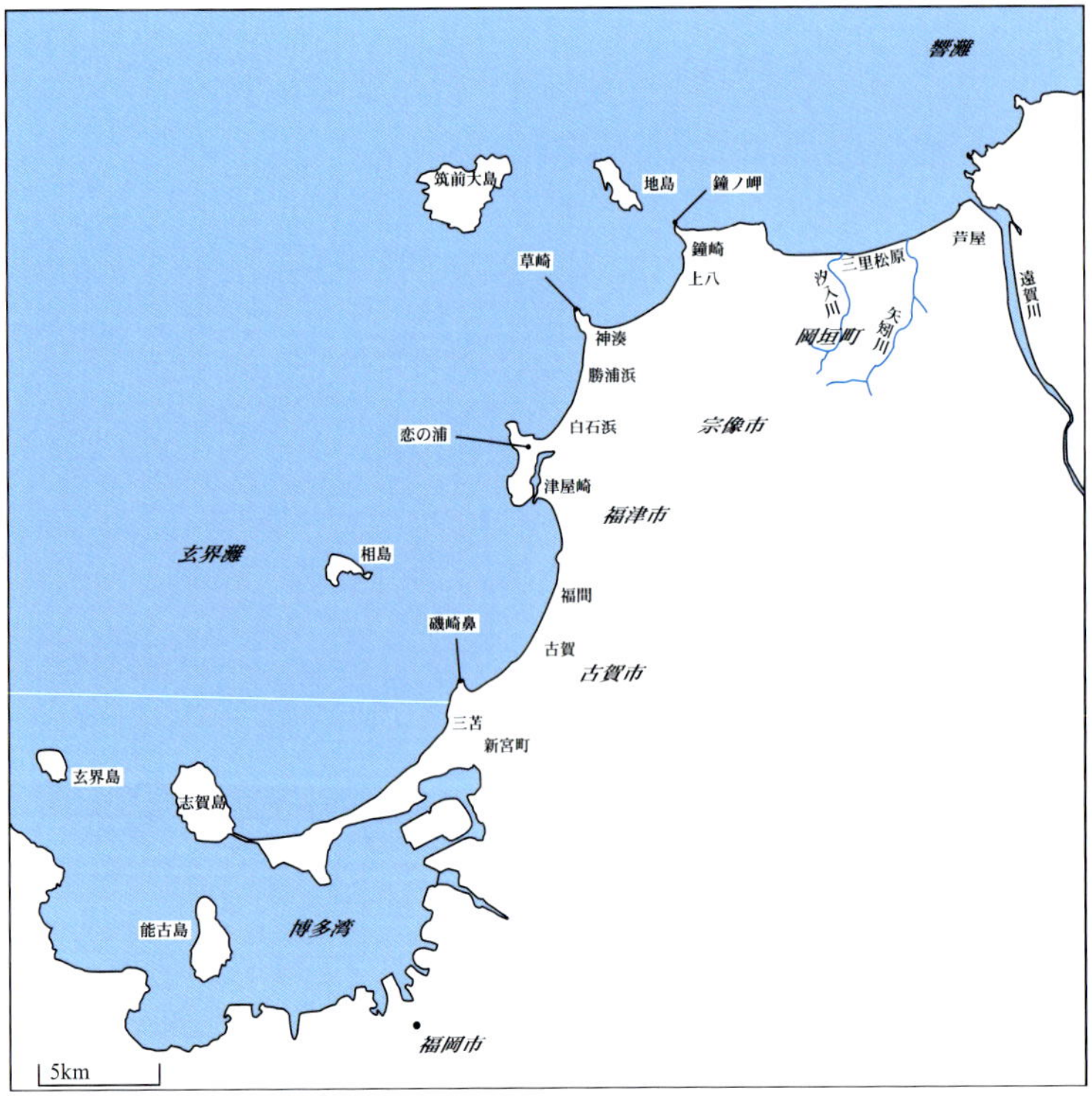
響灘
筑前大島
地島
鐘ノ岬
草崎
鐘崎
上八
三里松原
芦屋
汐入川
矢矧川
遠賀川
岡垣町
神湊
勝浦浜
白石浜
宗像市
恋の浦
津屋崎
福津市
玄界灘
相島
福間
磯崎鼻
古賀
古賀市
三苫
新宮町
玄界島
志賀島
能古島
博多湾
福岡市
5km

玄海沿岸略図

玄界を歩く　十一月、玄界灘

まず、皆さんを漂着物採集にご案内しましょう。

十一月十日前後に、北西の季節風が大陸から日本列島に向かって吹きはじめます。このころには、気温も低くなり、海や山は大荒れとなりはじめます。これを「木枯《こが》らし一号」と呼び、この風が吹くと、いよいよ冬のはじまりです。翌年の三月ごろまでこの風は吹き、この北西の風を「アナゼ」と呼んでいます。

私の家は、海まで直線距離にして、約三〇〇メートルのところにあります。海が荒れることで名高い玄界灘《げんかいなだ》です。

福岡県遠賀郡芦屋浜

海岸が待っている

二日ほど前から、海はゴーゴーと鳴っていました。庭の樹々《きぎ》は葉が吹き飛び、木枝《こえだ》は小さな悲鳴をあげています。「木枯らし一号」とは、残っている樹々の葉を吹き飛ばし、枯木のようにしてしまうことに由来しています。

「よし、明日歩くぞ。風よ吹け、海よ吠えよ」と私はつぶやいていました。

それから、明日の海岸歩きのために準備をしました。採集物を入れるビニールの袋、筆記用具、カメラ、手袋などを整え、リュックサックに入れました。

翌日は、ふだんより早く目が覚めました。歩くとなると、いつも興奮します。

今日の海岸歩きは、北九州市に近い、遠賀郡芦屋浜《おんがぐんあしやはま》から岡垣浜《おかがきはま》を歩く計画です。ＪＲ鹿児島本線の福間《ふくま》駅から乗車して水巻《みずまき》駅で下車、駅の近くの店でパンとお茶、あめ玉を買いました。そこからバスに乗って、家を出てから終点の芦屋車庫《あしやしゃこ》（現在は、タウンバス芦屋中央病院前バス停）で降りるまで、ちょうど一時間二十分ほどかかりました。

バスの終点から海までは、歩いてわずか二、三分ほどです。はなやかな夏の海と違って、人影はありません。ただ、風がうなり、海は白い波を立て、砂粒を飛ばしています。白い波を見るとワクワクします。

「今日はいいぞ！」

確かな予感とともに

波打ち際にまず目をやると、黒い帯となって、漂着物が続いています。黒い帯の中心は、海底に生えている海藻類がちぎれて寄《よ》せられたものです。漂着した黒い帯を見て、「今日はあるぞ」という予感がします。歩く距離は約九キロ弱です。目的地の岡垣・波津浜《はつはま》の人家が、潮風《しおかぜ》にかすんで遠くにぼうと見えます。

波に寄せられた海藻は、主にホンダワラやカジメ類です。それに混じって、流木、ガラスビン、ポリタンクやポリ容器類が目につきます。海藻にからんだビニールの袋や洗剤のポリ容器など、ずいぶん多くあります。

波に寄せられた漂着物

日本の製品ばかりでなく、ハングル文字や漢字ばかりで書かれたものもあります。特に韓国や中国のプラスチック製の浮子《うき》や洗剤の容器は、いたるところに見られます。缶やビン類をよく見ると、フジツボやエボシガイ、海藻類や薄い石灰質のものが付着し、これらが海を長期間、漂流していたことがわかります。

ここで、フィリピンあたりに生えているマングローブ（monggi〈マレー語〉紅樹林《こうじゅりん》）の樹種《じゅしゅ》であるホウガンヒルギの種子《たね》を拾いました。

南方果実にしても、種子にしても、同一のものが一度に多く見られることは滅多にありません。それがなんと一カ所に固まるようにして、五、六個漂着しているのです。次いで、緑色をした細長い、長さ五〜一〇センチほどのものが漂着していました。これもヒルギの仲間です。ヒルギは半分に折れたり、鳥などについばまれたようなものもありました。先ほどのホウガンヒルギとともに、マングローブ林から流れ出たものに違いありません。

丸いままのココヤシもありました。流れ着くココヤシは大部分が皮や「内果皮《ないかひ》」という中の殻の部分です。私はこれまでに六六〇個ほど、玄界沿岸で採集しましたが、波にもまれ、表面の皮がはげたりしているものが多く、丸いままのものとなると、十分の一ほどになります。

波に寄せられた椰子

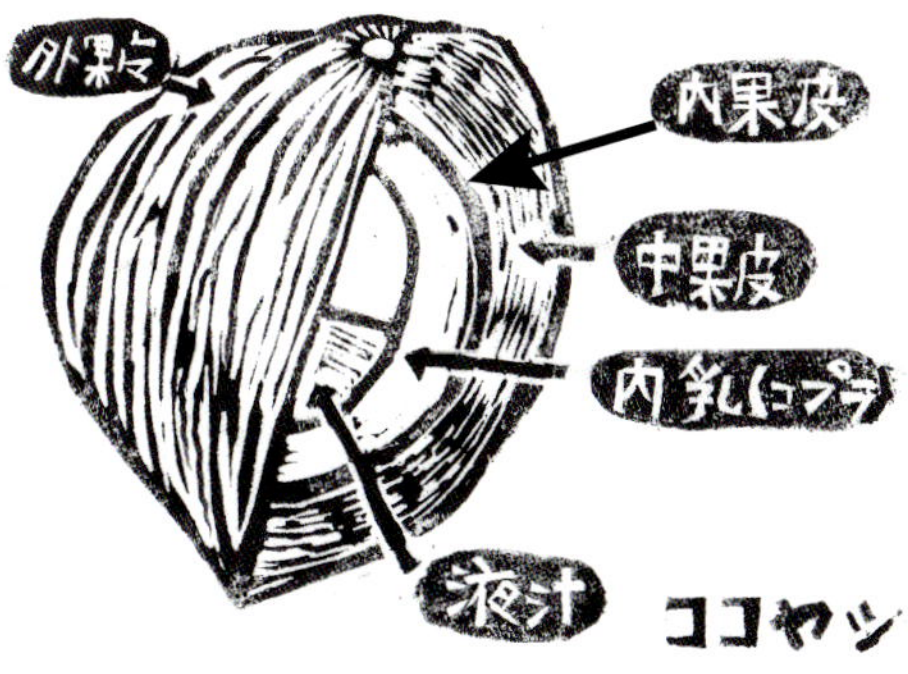

ココヤシの名称

はやる気持ちを落ち着けて

私はいく度も「今日はいいぞ、あわてるな、もう少し注意して歩け」、そんなことを自分に言い聞かせながら歩きました。

ククイナットの種子を一個拾いました。一見クルミのようですが、真っ黒で、クルミのようなシワがありません。この種子は油分を多く含んで、「キャンドルナット」とも呼ばれ、灯《あか》りにも使われるのです。

アオイガイも漂着していました。皆さんは、タコが自分で石灰分を出して殻《から》をつくるなんて信じられないでしょうが、このタコは殻をつくって、その中に卵を産み、孵化《ふか》するまで育てるのです。冬になると、これが大量に流れ着きます。

岡垣と芦屋の境にある矢矧川《やはぎがわ》の近くまできました。ここまで歩いた距離は、約二・五キロほどです。

矢矧川の手前、約一〇メートルのところに、アカウミガ

漂着物を待つ　福津市花見浜

福津市勝浦の海岸

メの死骸《しがい》が漂着していました。メジャーで測ると甲《こう》羅《ら》の長さ七二センチ、幅六〇センチあり、体は腐敗《ふはい》して、パンパンに張り、腐臭《ふしゅう》（腐った臭《にお》い）が漂っています。

動物の死骸などは、腐敗すると臭いが風に乗って流れてくるのですぐわかります。しかし、これも風向きによっては、気がつかないこともあります。ウミガメは縦横《たてよこ》の長さと頭の大きさを計測し、写真と記録をとっておきました。

この矢矧川は川幅が四メートルほどの小さな川ですが、芦屋町と岡垣町を分ける境界です。潮が引いていれば、足首ぐらいの水深ですから、冬でも少し辛抱すれば川を渡れるのですが、満潮で、河口の水が増えていると、上流一五〇メートルのところにある水門までまわり道をして、小さな橋を渡らなければなりません。海からの風が強く、吹き落とされそうで緊張します。渡って松林の中を通り抜け、しばらく歩くと先ほどの矢矧川河口の岡垣側に出ます。

岡垣側は、河口付近で砂を採取しています。海に寄った砂をブルドーザーで積み上げ、鉄の網でふるいにかけた時に残った小石や貝殻や陶磁片《とうじへん》などが、数カ所にわたって山積みされています。その山を注意して見ると、古いものには弥生《やよい》土器や古墳時代の須恵器片《すえきへん》、それに中世の陶磁器片、近・現代の磁器片が無数にあり、そこでしばらくそれらの破片を採集しました。

作業員の小屋があったので、風をよけて、その小屋の陰で昼食をとりました。パンをかじり、お茶を飲み、しばらく休憩です。歩いていると寒さなんか感じませんが、休むと北風の刺《さ》すような冷たさを感じます。早々《はやばや》と昼食を終えると、また歩きはじめます。岡垣の波津までは、あと約六キロほどあります（現在は砂取りはなく、小屋も撤去されている）。

岡垣から波津にかけての浜は漂着物が多く、面白いものも見つかるところですから、注意して歩きます。江戸時代の焼物片が多く打ち上がっています。

岡垣浜はかつて、米軍や自衛隊の射爆場《しゃばくじょう》（飛行機から爆弾を落とす訓練をするところ）がありましたが、地元に返還され、今は松が植えられたりしています。汐入川《しおいりがわ》から西のほうは、人工海岸になっており、沖の砂取りが原因でしょうか、砂が減少しています。浸食を防ぐため消波《しょうは》ブロックを投入しているので、歩くのに大変疲れます。日本の海岸が、だんだん人工海岸になっていきます。

とうとう、本日の目的地の波津の終点まで歩きました。

海岸歩きから帰ったら

さて、今日の海岸歩きの採集物を見てみましょう。ホウガンヒルギ十七個、オヒルギ、オオミナンキンハゼ各一個、クルミ一個、海漂器《かいひょうき》（台湾から中国へ向けて流すプロパガンダ、主義・思想の宣伝ビラが入った容器　一〇九ページ参照）一個、ククイナット一個、アオイガイ三個、陶磁片（一〇〇片ばかり）でした。南方果実・種子類が一度にこんなに多く漂着することは少ないので、いかに昨日の海が荒れていたかということがわかります。

五分ほど待つと、一時間に一本しかないバスが運よくやってきました。ＪＲを乗り継いで、家へ五時ごろたどり着きました。

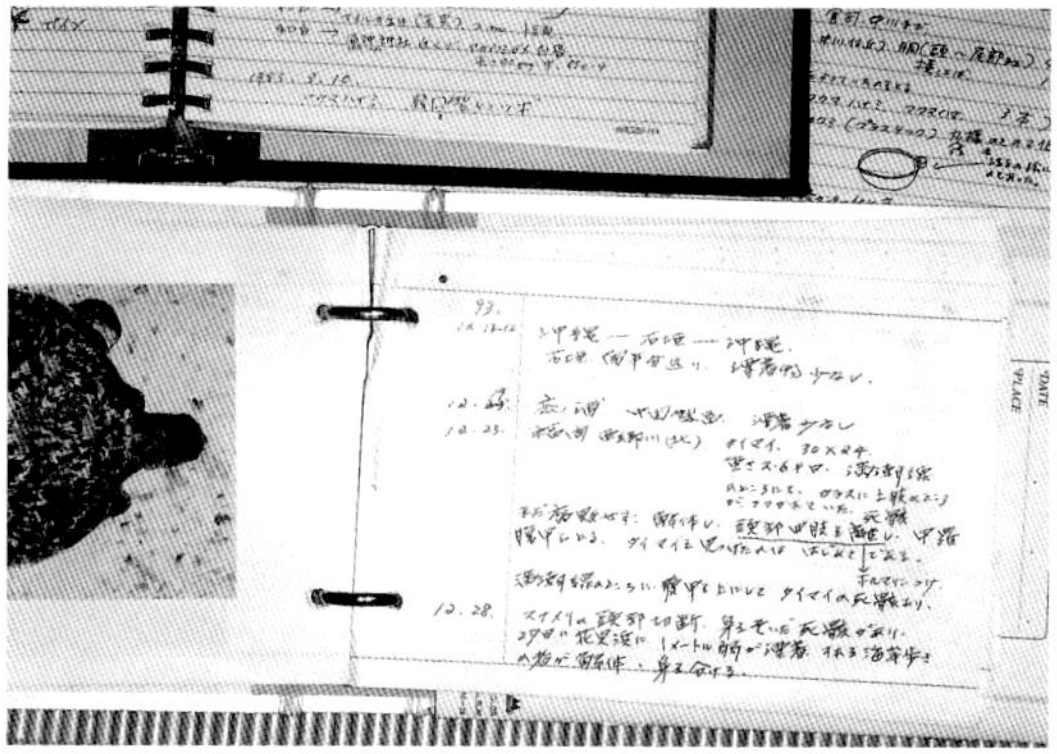

フィールドノート

早速、漂着物を水洗いして干しました。拾った漂着物は、乾燥したらマジック（細型の油性ペン）で採集月日と場所を記入します。そして、今日、採集してきたものをフィールドノートに記入しました。天候、漂着状況、拾ったもの、その数と、ちょっとしたコメントを書いておけば、後々に状況を思い出すきっかけにもなり便利です。

それから、植物図鑑でヒルギについて調べました。細長いものは、まだ緑色をしています。オヒルギに間違いありません。ホウガンヒルギはこれまで約三〇〇個ほど採集していますが、はじめてオヒルギの漂着を見つけることができました。新しいものの発見はうれしくなります。これで今日の海岸歩きは終了です。

本日の歩きは約九キロ、少し疲れました。

食事をして、風呂に入れば、ぐっすり眠れることうけあいです。

どうです、海岸歩きは？　異国からの種々《くさぐさ》のものが潮に乗り、何千キロの距離を旅してくるのです。初めの姿や形がなくなって、角《かど》がとれて丸味をおびたりして、また違った美しさになっている漂着物もあり、それを手にすると、なんとも言いようのない、いとおしさを感じますから不思議です。

古賀市の浜

流れ着いたアオイガイ

玄界沿岸というところ

皆さんを案内した玄界の沿岸について、少し説明しておきましょう。

海には外海《そとうみ》と内海《うちうみ》とがあります。外海は島や半島に囲まれていない海のことで、玄界は外海になります。波が荒く、厳しい海です。その反対が内海で、湾内や周りを陸地に囲まれたところで、大きく言えば、有明海や瀬戸内海も、その部類に入るでしょう。したがって外からの漂着物は外海に比べるとずいぶん少なくなります。

下のイラストを見てください。私が海岸歩きをする福岡市東区の志賀島《しかのしま》から、遠賀郡芦屋の浜までの五六キロを簡単に説明しておきます。

いつか皆さんが、この浜を歩くことや、あるいは歴史に興味を覚えて、訪れることがあるかもしれませんから。

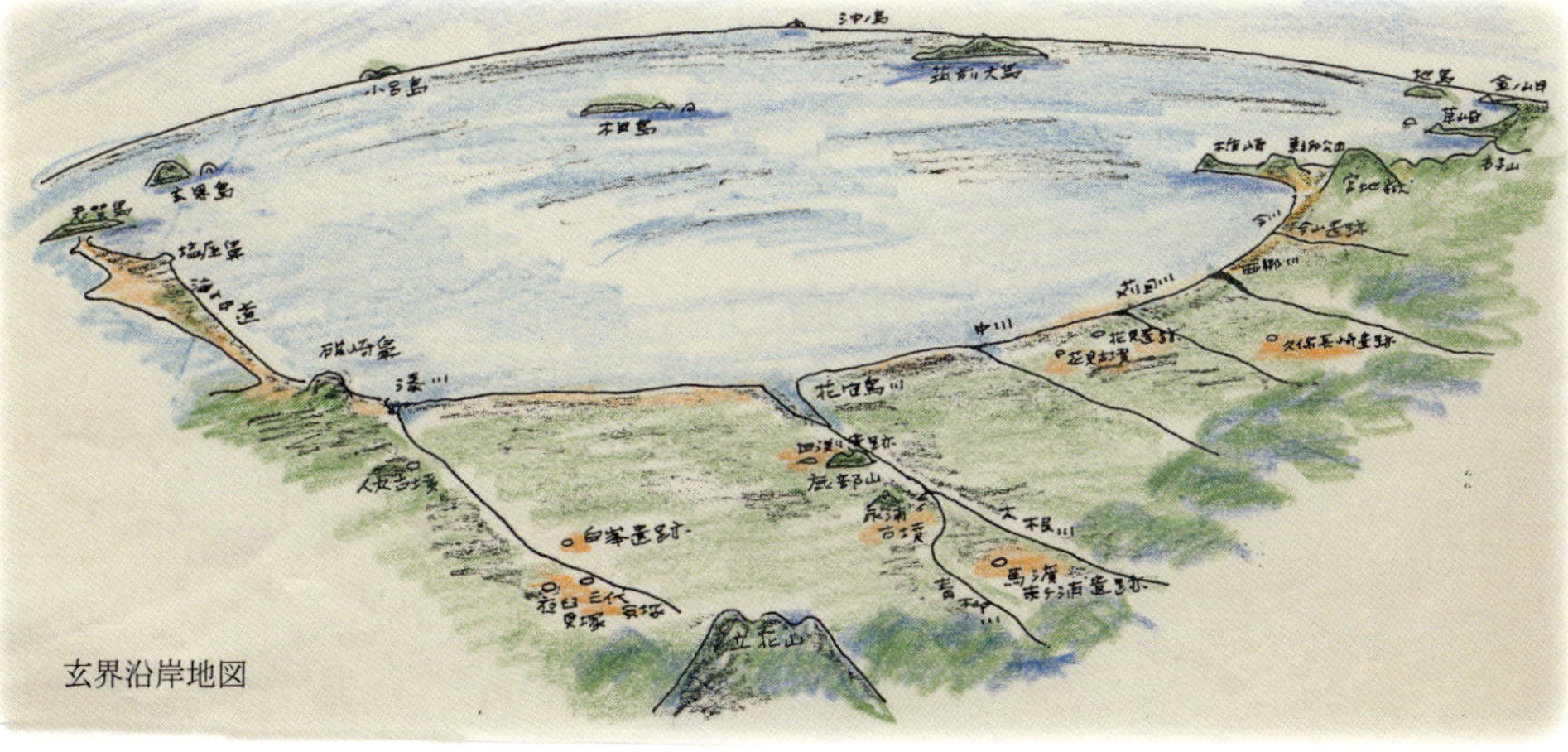

玄界沿岸地図

歴史とロマンの島・志賀島

志賀島は、博多湾の入口にある周囲一一キロの小さな細長いずんぐりした島です。海の中道の長い砂州によって陸とつながっていますが、昭和六（一九三一）年に橋を架けるまでは独立した島でした。

この島を有名にしたのは、天明《てんめい》四（一七八四）年、博多湾に面した叶崎《かのうざき》という田んぼの中

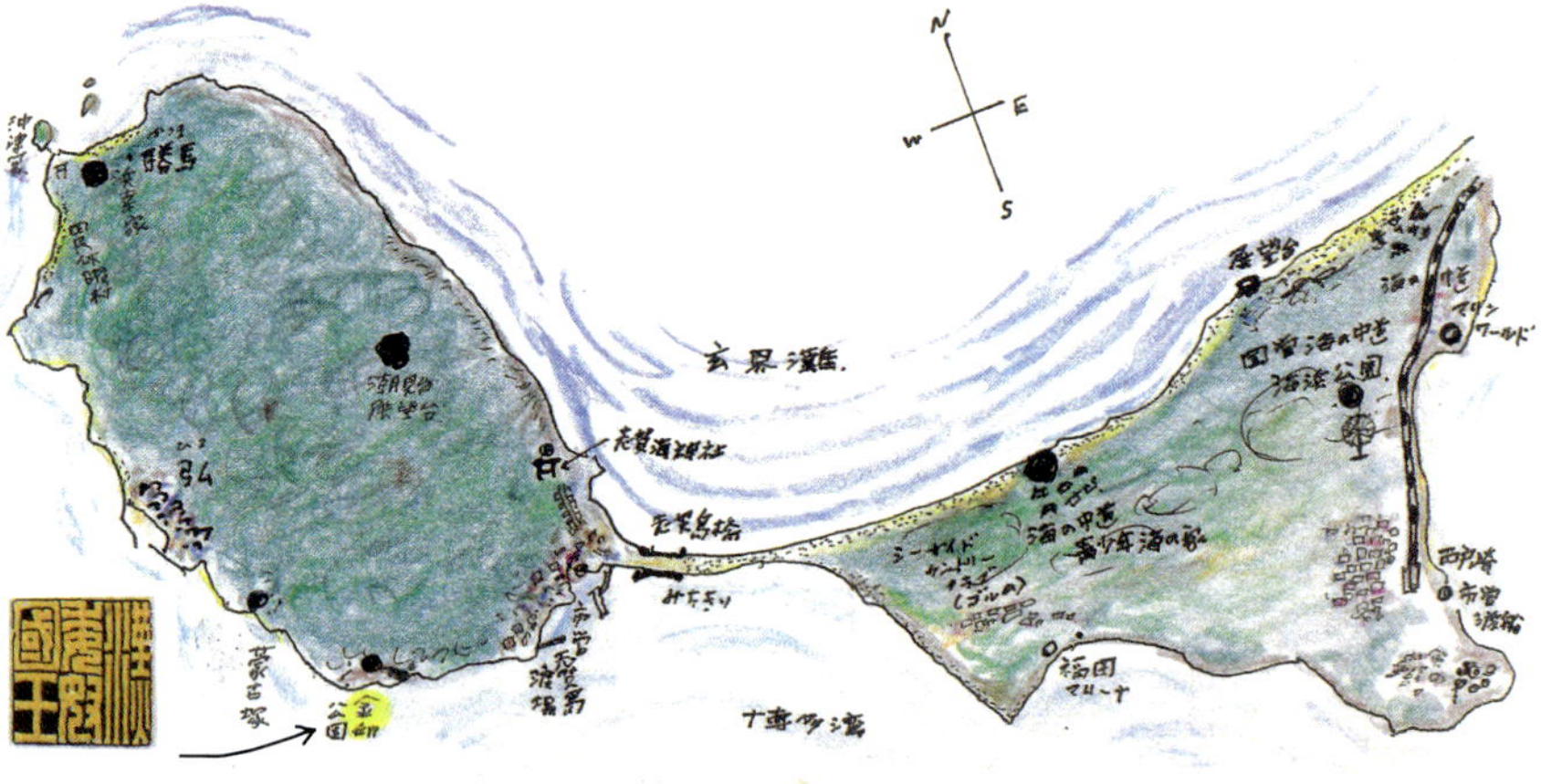

海の中道から志賀島へ

から、百姓の甚兵衛《じんべえ》さんが掘り出した金印です。「漢委《かんのわの》奴国王《なのこくおう》」と刻されていたのです。三世紀に中国で書かれた『後漢書《ごかんじょ》』の「東夷伝《とういでん》」には、「建武中元二《けんむちゅうげん》（西暦五十七）年奴国王《なこくおう》へ金印をやった」という記事があり、これがこの時のものではないかと言われています。

この島には、『万葉集』に詠まれた歌が多く残っています。元寇の蒙古塚《もうこづか》があり、また、古くは安曇海人族《あづみかいじんぞく》が住んでいたところといわれる歴史とロマンの島です。

志賀島から海の中道の長い海岸線は一四キロほどあります。その間には、塩屋鼻《しおやばな》という一部岩礁《がんしょう》がありますが、見事な砂丘地です。福岡平野の河川から流れ出た砂が、永い年月をかけて、長大な砂州をつくったものです。

この砂州からは、古くは旧石器時代の遺物が採集されたり、弥生時代から奈良・平安時代に至る遺跡も発見されています。砂州は、相当古くから形成されたものでしょう。

『筑前国風土記逸文《いつぶん》』では、海の中道のことを「打昇浜《うちあげのはま》」と記しています。「打昇浜」は、打上《うちあ》げの浜の意味でしょうか、いろいろなものがたくさん打ち上げられる浜ではないか――私はこの浜を歩くたびにそう感じます。それほど漂着物が多い浜です。

長い砂丘のつけ根《ね》のところが三苫《みとま》です。糟屋郡新宮湊《かすやぐんしんぐうみなと》から海上西七キロのところに相島《あいのしま》があり、新宮から連絡船が日に五回ほど往復しています。周囲四キロ、勾玉《まがたま》のような形の島は、縄文時代からの遺跡もあり、古墳時代の積石塚《つみいし》（古墳）は二五三基があり、国の史跡に指定されています。沖から引き揚げられた蒙古の碇石《いかりいし》、江戸時代には朝鮮通信使《つうしんし》を接待した客館《きゃくかん》跡もあります。

島の最も高いところ（標高七一メートル）には、異国船を監視する黒船遠見番所《くろふねとおみばんしょ》も置かれました。

私の好きな海岸 ―― 新宮～津屋崎

新宮、古賀、福間、津屋崎と続く、長い弓状の浜は、大部分が護岸《ごがん》をしたり、消波ブロックを入れたりして、人工海岸となっています。私の家の裏の浜は、「花見海岸」といいます。

福津市の津屋崎と福間との境に、今川《いまがわ》という小さな川が流れていますが、その河口の今川橋には「南無阿弥陀仏《ナムアミダブツ》」と彫られた大きな石碑が建てられ、碑の端に、弘安《こうあん》の役《えき》の蒙古軍の戦没者を供養《くよう》したとあります。その今川の河口から上流一〇〇メートルのところには、今川《いまがわ》遺跡があります。ここから発掘された青銅器は、日本で最古の弥生時代前期のはじめに属するものです。また、ここには、今川の土坊主があらわれるという伝説があります。「ゲゲゲの鬼太郎」の世界です。

福津市津屋崎の町は、古く黒田藩の米倉がおかれ、また港町として栄えた「津屋崎千軒」と呼ばれたところでした。また、標高一一四メートルの大峰山《おおみねやま》一帯が東郷《とうごう》公園となっています。山の頂上には日露戦争の日本海海戦の旗艦で戦艦《せんかん》「三笠」のマストをかたどった記念塔が建っています。

恋ノ浦は岩場の多いところで、「楢《なら》の葉海岸」と呼ばれて、木の葉や、貝、魚の化石などやメノウも出て、地質学的には福岡でもよく知られています。この浜は、アカウミガメの産卵地でもあります。

津屋崎の白石浜から勝浦浜まではどうでしょうか。ここも弧状《こじょう》（弓形《ゆみがた》）をした、約六キロの美しい浜です。浜の大部分はまだ護岸や消波ブロックなどがほとんどない自然海岸ですから、歩くだけでも気持ちがよく私の好きな海岸の一つです。この浜にも、アカウミガメが産卵に上がってきており、市でも保護に力を入れています。

神湊《こうのみなと》には草崎《くさざき》の岩場が海に突き出ています。戦国時代の宗像大宮司《むなかただいぐうじ》氏《し》の出城《でじろ》があったところです。沖合三〇〇メートルには、勝島《かつしま》が浮かんでいます。島には、江戸時代から昭和二十年代まで人が住んでいましたが、今は無人島になっています。

浜を歩く

神々を祀《まつ》る —— 筑前大島・沖ノ島・宗像大社

津屋崎から草崎を越えると、神湊の波止場に出ます。筑前大島へ渡る渡船場があるところです。距離にして一一キロ。船で二十分くらいの距離でしょうか。大島は南北一・七キロ、東西三・七キロ、周囲一五キロ、島の最高峰は「御嶽《みたけ》」と呼ばれ、標高二二四メートルあります。宗像大社の中津宮があり、宗像三神の一人、田心姫《たごりひめ》を祀っています。島の北側、岩瀬には沖ノ島の遙拝《ようはい》所があり、天気がよい空気の澄んだ日には、沖ノ島が望めます。沖ノ島は大島から四九キロのところにありますが、玄界灘の真っただ中に浮かんで、古代に航海安全の祭祀《さいし》（まつり）をしたところとして知られています。現在、世界遺産登録に向けて運動中です。

神湊の町は生魚料理店がずらりと並んで、玄界の活きのいい魚を食べさせてくれます。魚屋の入口に「伊能忠敬《いのうただたか》宿泊跡」と彫った碑が立っています。『大日本沿海輿地全図《だいにほんえんかいよちぜんず》』の作成で有名な伊能忠敬は、文化九（一八一二）年七月、この地に来て測量をしています。神湊のバス停から浜宮《はまみや》にかけては、七、八世紀の貝塚が転々と残っています。浜宮は宗像大社の末社です。この付近は住宅が多く建てられ、貝塚も破壊されつつあります。七、八世紀の貝塚は、恐らく宗像海人族の生活地であったのでしょう。釣川《つりかわ》の川口から約二キロ上流に、宗像三神を祀る宗像大社があり、交通安全の神社として、多くの信仰を受けています。

宗像大社の本殿の裏手には、沖ノ島の発掘品を中心とした鉄筋三階建ての神宝《しんぽう》館、また、近くに平成二十四年四月に開館した、宗像市の「海の道むなかた館」があります。宗像の歴史をここで学ぶことができます。

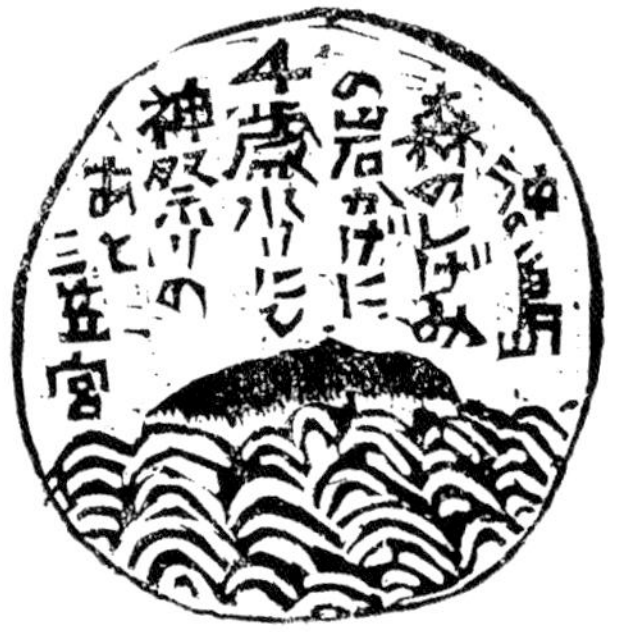

沖の島　森のしげみの岩かげに
千歳ふりにし神祭りのあと
三笠宮崇仁殿下

しら浪の　八重折がうへにくすしくも
います神かも沖つ御島は
青柳種信

海女《あま》発祥《はっしょう》の地・鐘崎

釣川にかかる皐月《さつき》橋を渡って、浜のほうへ出てみます。釣川河口から右手の鐘《かね》ノ《の》岬《みさき》までが五・五キロ、弧状を描いた白《はく》砂青松《しゃせいしょう》の海岸は美しいものですが、沖に消波ブロックが投入されており、護岸も行われて自然の景観が失われつつあります。河口から見て左手側が筑前大島《ちくぜんおおしま》、右手が地島《じのしま》です。

鐘崎《かねさき》の入り口のところに、「上八《こうじょう》」という珍しい地名があります。その近くに鐘崎貝塚（上八貝塚）があります。縄文時代後期、今から約三〇〇〇年前の貝塚で、ここから出土した土器は「鐘崎式土器」の名で知られています。

ちはやぶる鐘ノ岬

鐘崎の町は、海に面して漁師の家が立ち並んでいます。鐘崎と言えば、海女（海に潜って魚介類をとる）で有名なところです。長崎県の対馬《つしま》や、日本海を北上し、山陰の海岸から能登半《のとはん》島《とう》の輪島《わじま》にかけて、今も生業としている海女のルーツがここ鐘崎といわれています。

鐘崎の町に入る前の五月松原《さつきまつばら》のほうから見ると、椀《わん》を伏せたような「海より見れば、其《その》かたち屋形《やかた》によく似たり」（『筑前国続風土記』）とある小山が海に突き出ているのが、鐘ノ岬です。朝鮮から大きな鐘を運んでくる途中で、海に沈めてしまったという沈鐘《ちんしょう》伝説があり、中世から近世にかけて引き上げが試みられましたが失敗し、近代になって引き上げられたのは釣鐘《つりがね》状《じょう》の大岩でした。現在、それは織幡《おりはた》神社の境内《けいだい》にあります。

鐘ノ岬は、『万葉集』の巻七（一二三〇）に、

ちはやぶる鐘の岬を過ぎぬともわれは忘れじ志賀《しか》の皇神《すめがみ》　詠み人知らず

と詠まれています。

深浜《ふかはま》、ここまでが宗像市（旧玄海町）、これから先（東側）が遠賀郡岡垣町になります。ここまでが砂浜海岸で、それから先は砂利浜《じゃりはま》となり、海は「響灘《ひびきなだ》」に変わります。海が荒れた日には、砂利が擦れ合う音がするので、まさに「響」灘です。ここから芦屋浜へと「三里《さんり》

ひろげたパラソルのふち

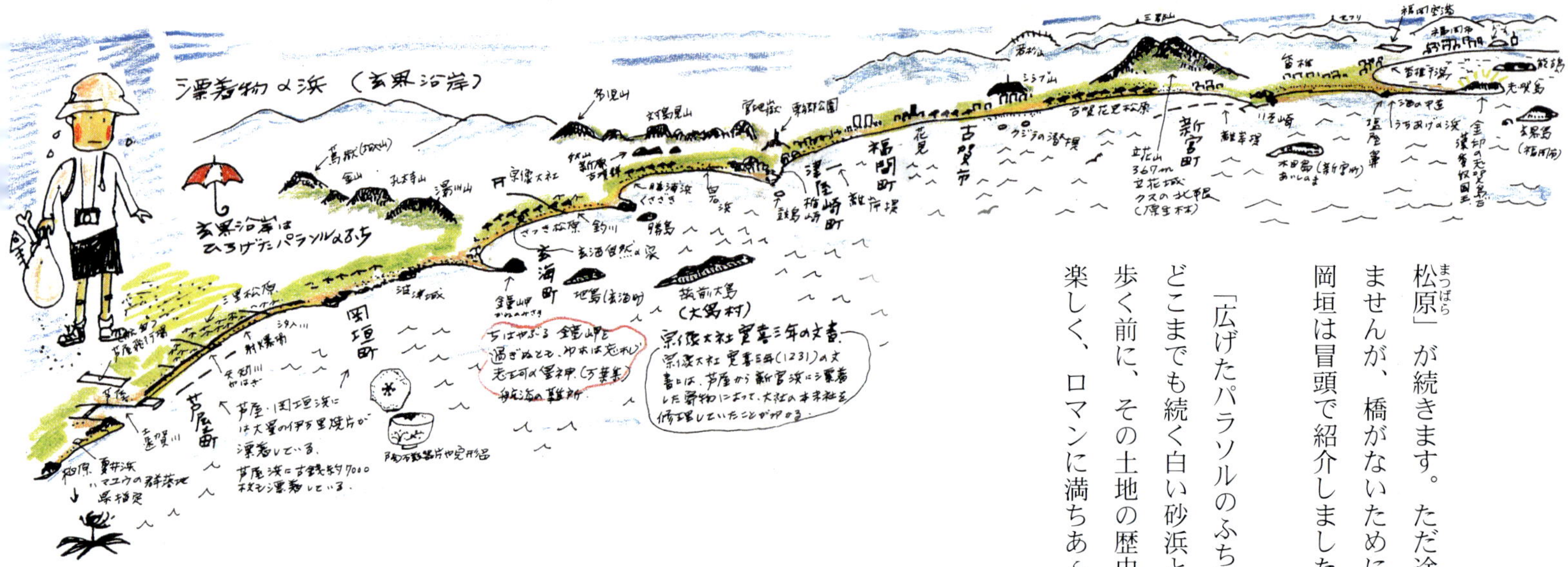

松原《まつばら》」が続きます。ただ途中の汐入川、矢矧川などを渡らなければなりませんが、橋がないために、まわり道をしなければなりません（芦屋―岡垣は冒頭で紹介しました）。

「広げたパラソルのふち」と形容される玄界灘の海岸線。白い波が立ち、どこまでも続く白い砂浜と緑の松林、そこには歴史が多く眠っています。歩く前に、その土地の歴史や伝説などを調べておくと海岸歩きはもっと楽しく、ロマンに満ちあふれたものになります。

Maseer in a botol
メッセージ
インア ボトル

海流に乗って

風が唸り
海が吠え
松林は喧い
冬の玄界灘は
異郷からの
メッセージが届く。

ビンの旅

太平洋を渡ったビン

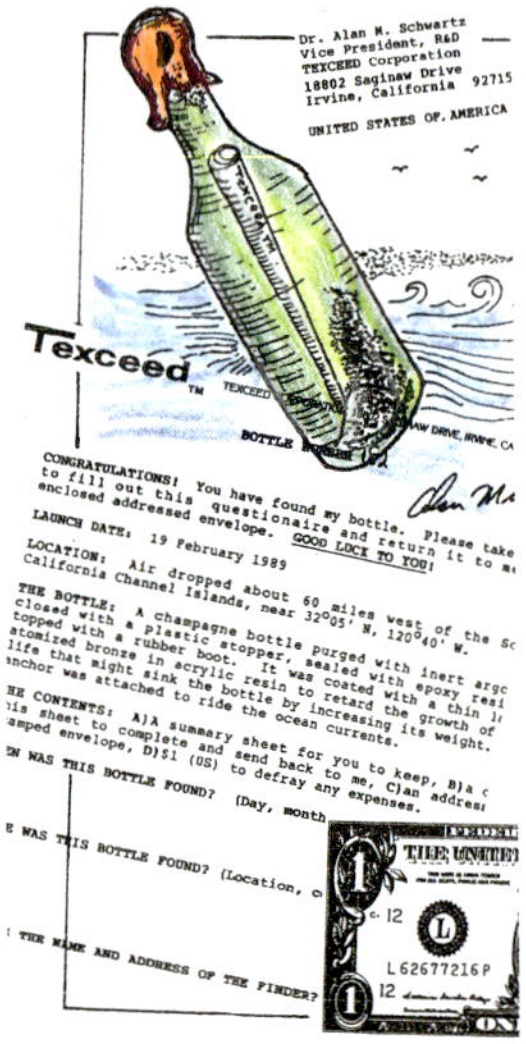

沖縄に漂着したメッセージ

平成三（一九九一）年は台風のあたり年でした。十七号、十九号と九州を直撃し、特に十九号は勢力を落とさないまま、日本列島を縦断し、各地に多大な被害を与えました。なかでも福岡県南部や、大分県の日田《ひた》の杉、東北は青森のリンゴなどが大きな被害を受けました。

私の家の屋根瓦も半分ぐらい吹き飛びました。翌日、台風の去った海岸に出てみましたが、松原は葉や枝が落ちて、緑のじゅうたんとなっていました。松林のところどころに、折れたり、ねじ曲がったりしたものもありました。

遠く沖縄を歩く

取材で八月末に、一週間に二度、沖縄本島へ行ったことがあります。石垣島は日帰りという強行軍でしたが、沖縄本島には一泊しました。夕方、沖縄に着き、翌日の午前中まで予定があいていましたので、折角来たのですから、沖縄の海岸を歩きたくなりました。タクシーの運転手さんに頼んで、砂浜のある海岸へ行ってもらうことにしました。

沖縄本島の海岸線の状況は、前年の平成二（一九九〇）年に琉球《りゅうきゅう》大学の学生さんが調べたところ、なんと自然海岸は三分の一ほどになってしまっていたそうです。本土の海岸と同じように、人工海岸が年々増加している状況です。

運転手さんによると、島尻郡《しまじりぐん》知念村《ちねんそん》の「知念海洋レジャーセンター」の側に自然の砂浜があるということなので、行ってみました。しばらく走ると、街並みと椰子の並木の向こうに海がちらちら見えます。漆喰《しっくい》で固められた茶褐色の屋根瓦、どこもその上にはシーサー（「獅子さん」の意、魔除けの一種）が威嚇《いかく》するように睨《にら》んでいます。「あぁ、沖縄だなあ」と思いました。

漂着ビンとの出会い

海洋レジャーセンターに着きました。運転手さんに十分ほど待ってもらうことにして、約三〇〇メートルほどの砂浜を走るようにして見てまわりました。ギラギラと照りつける太陽、沖を見たらイザイホー（十二年に一度、午《うま》年の旧暦十一月十五日から五日間行われる神事）で有名な久高《くだか》島がかすんで見えます。浜には私一人でした。サンゴの骨を踏みながらの小走りです。アダンが熟《う》れて橙色《だいだいいろ》の実をつけています。その下には海水浴客が残していった空き缶やビン類、それに弁当箱が散乱し、その間を沖縄では「アーマン」という天然記念物のオカヤドカリが這《は》っていました。

漂着物はあまり見あたりませんでしたが、それでも、台湾、中国、韓国製品が目につきました。そのサンゴの砂浜に、緑色のビンが、底部を上にして半分砂に埋まったようにして漂着しているのです。ビンをよく見ると、中に白い紙らしきものが入っています。引き抜いて見ると、口は赤いゴム状のもので密封され、表面には、ところどころに黒い油のようなものが付着しています。中の白い紙は封筒で、星条旗《せいじょうき》が描かれた切手が貼られ、アメリカ、カリフォルニアの文字が読めました。「アメリカからのものか」と思いましたが、ビンは厳重に密封されていたので、開栓せずに自宅に持って帰り、ゆっくり開くことにしました。

「ごくろうさん」——長旅を終えたビン

福岡へ持って帰ったそのビンは、密封した栓はなんとか抜けましたが、中の手紙が広がっていて、どうしても取り出せません。ビンもそのまま残して保存したかったので、結局、底部を割って取り出しました。

手紙の他に一ドル紙幣も入っていました。手紙の内容を要約すると次の通りでした。

「このビンは北緯三一度五分、西経一二〇度四〇分付近の南カリフォルニア海峡列島から約六〇マイル西部の地点で、一九八九年二月十九日、空中から落とされたものであること。このビンはシャンパンのビンであり、不活性のアルゴンガスによって清浄化され、プラスチックの

右から２番目がアメリカから流れてきたビン

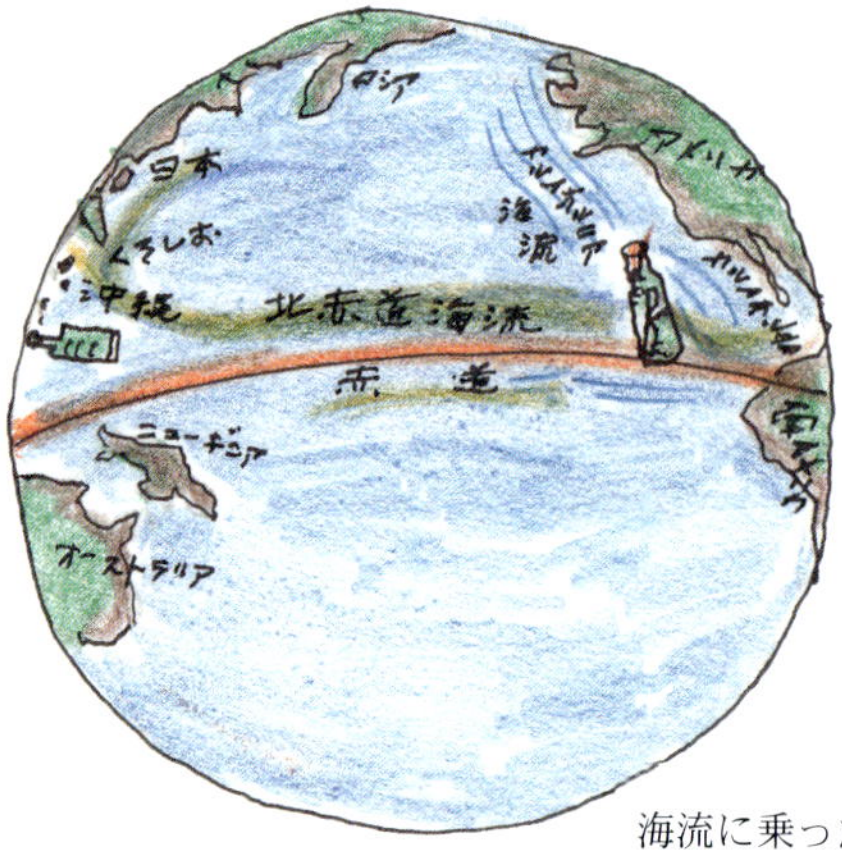

海流に乗ったビンの旅

止め物で口がふさがれており、エボキシ樹脂でのり付けされていること。海中の生物が繁殖し、重みを増すことでビンが海中に沈むことがないように、微《び》粒《りゅう》子《し》化された青銅を含んだアクリル樹脂の薄い層によっておおわれていること。海流に乗って漂っていくように海錨《かいびょう》が取り付けられていること」などでした。

また、ビンの中身は、保存用の要約文の用紙一枚、それにはアンケートに答えて、返送してほしいことと用紙の写し、住所が書いてあり、切手が貼ってある封筒と、お金がかかった場合のために、一ドル紙幣が入っていました。

一九九一年八月二十七日に漂着したものを見つけたのですから、発見まで約二年半の旅をしていたことがわかりました。このビンはカリフォルニア海流に乗り、さらに北赤道海流に乗り、太平洋を渡って、さらに黒潮本流の出発点、フィリピンのルソン島付近へ出て、知念浜へ漂着したものでした。しかも、出発点がはっきりしています。

私は、大変感動しました。思わずビンに向かって「ごくろうさん」とつぶやきました。

早速、ビンに漂着した時の状況や、写真などをつけ、また「何本ぐらい投入されたか、日本周辺で回収された数」などを問い合わせる手紙をつけて、十月九日にアメリカに送りました。

十一月上旬、アメリカからその返事が届きました。それによると、投ビンは一九八八年から行われているということで、ビンもシャンパンのボトルとポリエチレンの容器が使われていました。一九八八年には三五五本が投ビンされ、それまでにポリエチレンの容器は発見されていませんでした。

また、そのうち十四個がフィリピン各地で見つかっており、他にハワイ、タイ国のシャム湾から見つかっていること、日本では奄美大島《あまみおおしま》（一九八八年に投ビン）で、一九九〇年に発見されていること、フィリピンに漂着するまでに一年半ほどかかっていることなどがわかりました。

ビンを海へ流す。潮のまにまに、波まかせ、風まかせの旅は大変ロマンに満ちたものです。

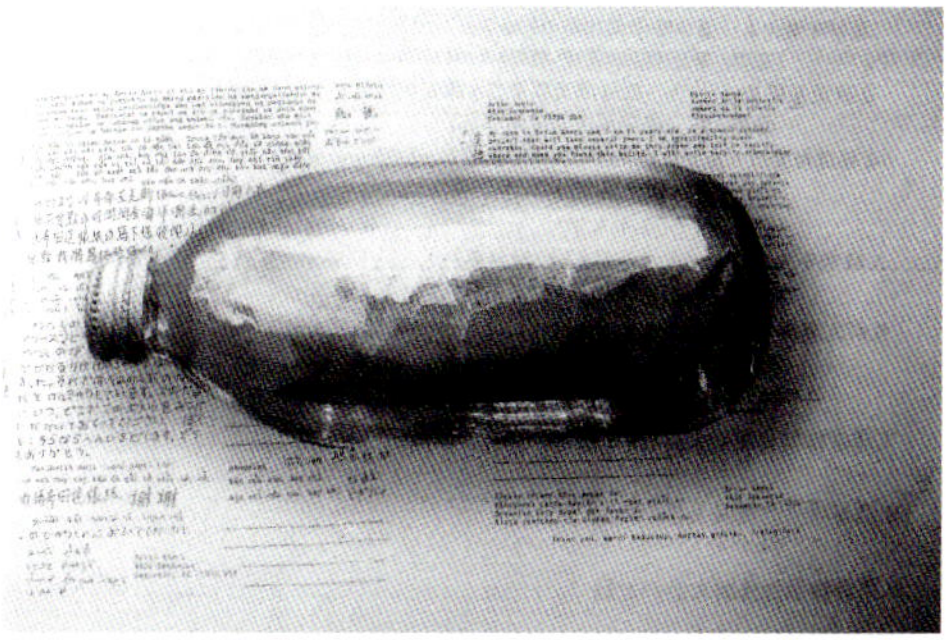
ブライアンからの手紙が入っていた松本敏郎さんが見つけたビン。この手紙は、英語の教科書に載った。

海流に乗って旅するメッセンジャー

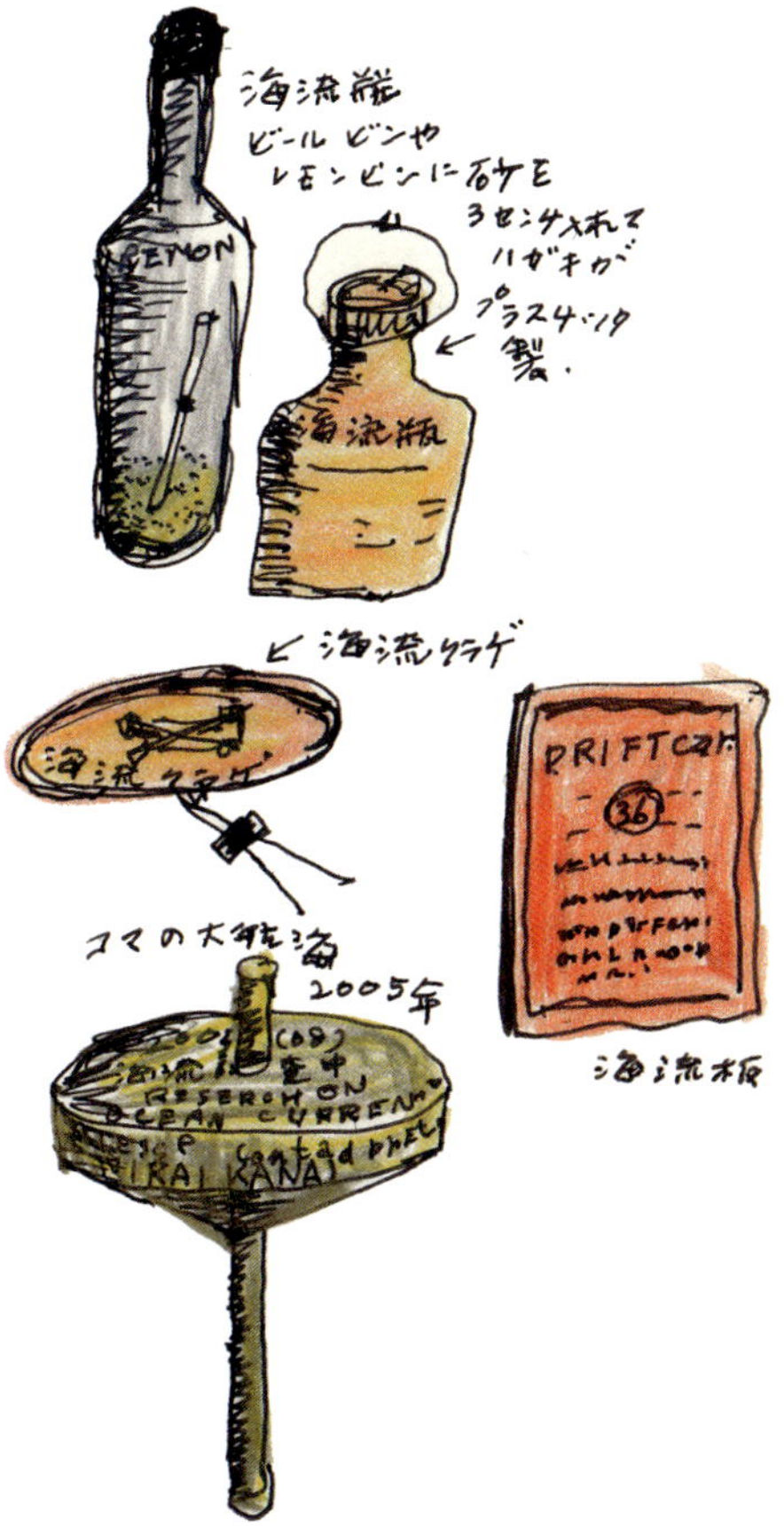

安《あん》城《じょう》小学校の投ビン —— 種子島・西之表《にしのおもて》市

昭和四十七（一九七二）年以来、毎年、卒業記念に投ビンをしている小学校があります。鹿児島県の種子島《たねがしま》にある安城小学校です。種子島と言えば天文《てんもん》十二（一五四三）年、島の小浜《こはま》西浦《にしうら》にポルトガル船が漂着し、船に積まれていた鉄砲が我が国に伝えられたことは、ご存じでしょう。これが戦国時代にひろまり、国内統一を早めたといわれています。

さて、安城小学校のある西之表市安城区も、こんな歴史をもったところでした。明治十八（一八八五）年、安城海岸で遭難したアメリカ船カシミール号の乗組員を、校区の人たちが総出で救助し、精一杯の看護をしたことで、アメリカ国民をいたく感激させたそうです。

安城小学校投ビンの漂流の記録を拾ってみましょう。

昭和四十七（一九七二）年の卒業生により、一三八本（四十八年、投ビン）が放流され、五十年十月に一本がアメリカ合衆国アラスカ・シトカ湾に漂着しています。発見まで九四五日かかっています。また、六十年三月にはフィリピン・ケソンに漂着しました。

五十一年には一〇〇本が投ビンされ、五十三年にミッドウェーに一本、同年、アメリカ合衆国・ワシントン州の海岸へ流れ着いています。

五十四年には二〇〇本、そのうち一本は、四年後にハワイ・カウアイ島で拾われています。これは新聞にも大きく報道されました。

五十八年は二〇〇本、この年の十一月十五日に投ビンされて、五十九年から六十年にかけてフィリピンに五本が漂着しています。六十年八月には大韓民国釜山《ふさん（プサン）》に一本漂着していますから、対馬海流に乗ってきたことがわかります。

海の道・海流

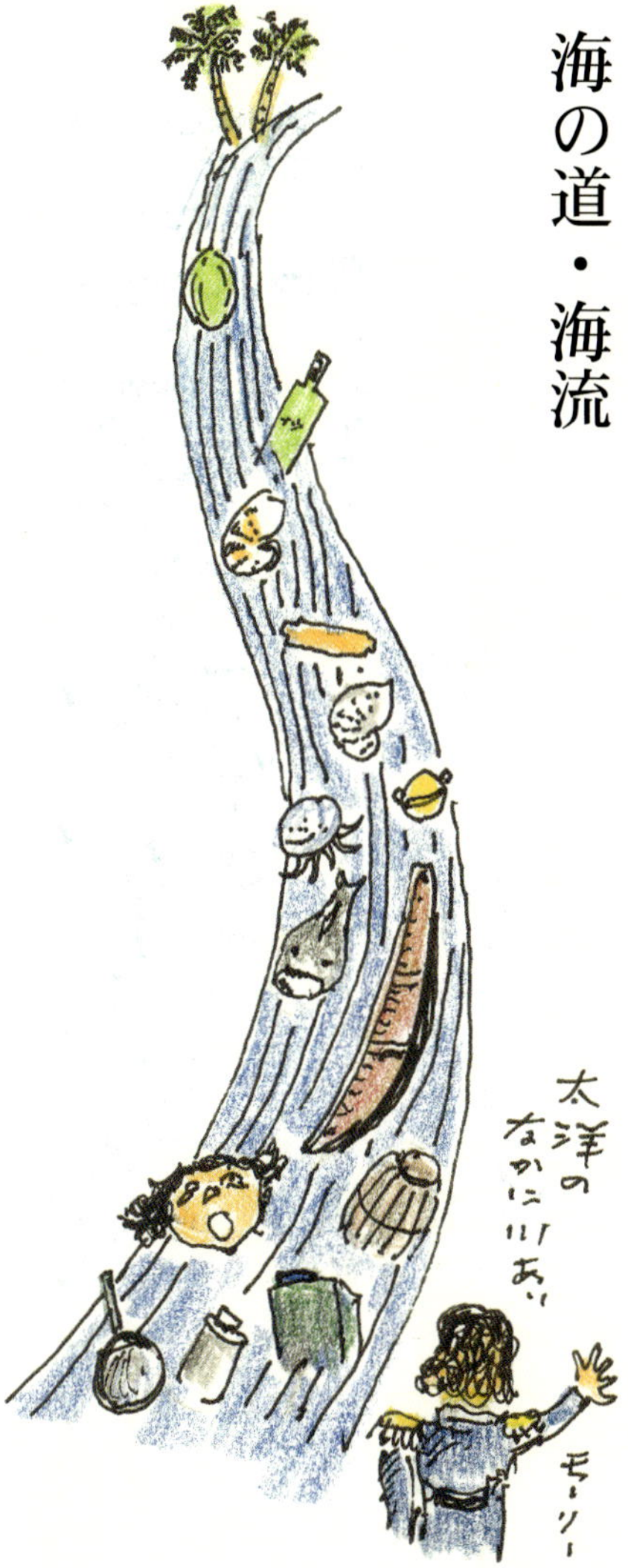

どこから、どうして流れ着くのか

ココヤシやホウガンヒルギなど、日本に見られない南の国の植物は、いったいどのようにして、日本まで流れて来るのでしょうか。

ココヤシのような利用価値の高いものは、食用とされたり、油をとったり、果物店に並ぶこともありますから、フィリピンあたりから輸入されたものが、国内でゴミとして棄てられ、流れてきた可能性もあります。また、日本近くを航行中の船から、果汁を飲んだり、殻を割ってやわらかな果肉をスプーンですくって食べられた後に棄てられたものが漂着することもあるでしょう。ココヤシは海岸に植えられていますから、海へ落ちて流れてきたものもあります。

しかし、食用にならないホウガンヒルギなどは、分布地のフィリピンから、はるばる海流に乗って来るのです。

大洋の中に川あり

地図帳を開くと、世界の海流図が最初のほうのページに載っています。青は寒流《かんりゅう》、赤は暖《だん》流《りゅう》で色分けされています。海流とは、「海水が一つの場所から他の場所へとひきつづいた流れをなして運ばれて動く現象である」と海洋学者の宇《う》田《だ》道隆《みちたか》先生は『海』という本の中で言っています。海流の成因《せいいん》などについては、省くことにします。

日本近海の海流を見てみましょう。赤い色の暖流の黒潮（日本海流）と対馬海流が日本列島を囲むようにして北上し、また北からは青い色のリマン寒流と千島《ちしま》海流（親潮）が日本海側と太平洋側に南下しています。

黒潮の流速は一〜五ノット（一ノットは一時間一海里＝一八五二メートル）でフィリピン付近から北上し、奄美大島の北西で分かれて、本流は南九州から土佐、紀伊沖へ、千葉の銚《ちょう》子《し》沖あたりから太平洋へ東進します。

一方の対馬海流は、九州の西方を通り、対馬海峡を抜けて日本海を流れ、北海道の宗谷《そうや》、津軽海峡を抜けて太平洋に出ます。

要するに海流は、海の中に「川が流れている」ようなものです。そして、ベルトコンベアーのように、種々の生物やたくさんのゴミも一緒に運んでいるのです。アメリカの海軍士官モーリーが言った有名な言葉、「大洋の中に川あり」は海流をよく言い表わしていると思います。

むかしから人々は、この海流を利用して移動し、海洋生物も回遊しているのです。

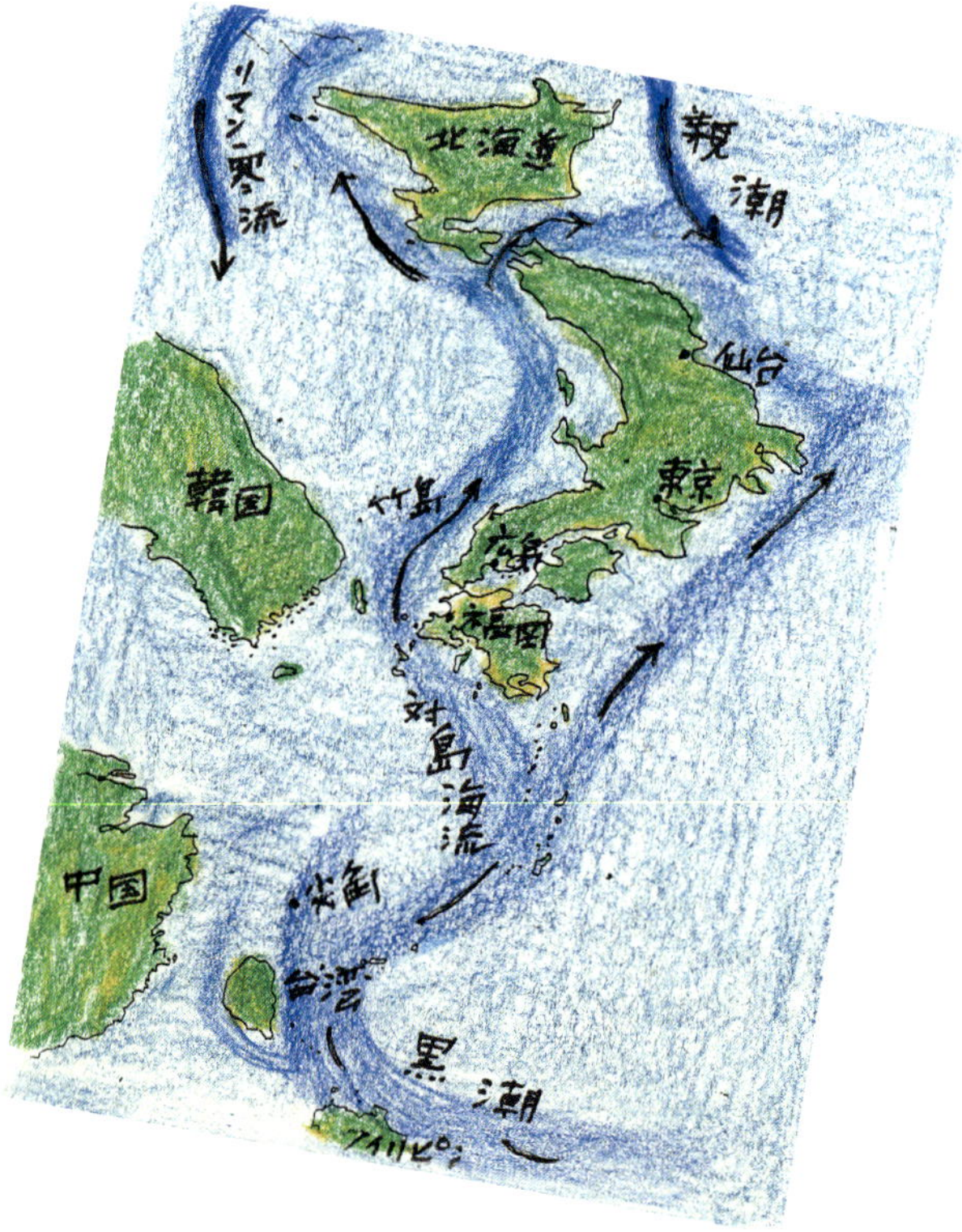

海流図

椰子の旅

流れ寄る椰子の実

流れ寄る、椰子の実ひとつ

興味深い新聞記事

昭和五十八（一九五三）年九月四日付けの新聞に、福井県三方《みかた》郡三方町（現・三方上中郡若狭町）の鳥浜《とりはま》貝塚から、クルミやドングリ、木製品《もくせいひん》にまじって、椰子が発掘されたことが報道されました。縄文時代前期、約五五〇〇年ほど前の層からの出土です。

新聞の見出しは、「名も知らぬ……五五〇〇年前の椰子の実、福井の鳥浜貝塚から出土」とあります。

さらに、「椰子の実は種子の部分で、破片は七個、色はいずれも濃い茶褐色、形状から見て二個分とみられる。うち一個は三つの破片で、合わせると椰子独特の三本のスジの入ったタネの先端部分になる。直径一〇センチ、先端から切り口部分までの長さ六センチの半球形、厚さ四ミリ。全体の大きさは直径一五センチ、長さ三〇センチほどと推定される。四つの破片から成る二個目は同じく、先端部分だが、破片が小さく、はっきりとした形はわからない」とあります。

鳥浜貝塚周辺地図

鳥浜貝塚は昭和三十七年から発掘調査が行われ、昭和六十年、十次調査で終了、二十三年にわたって発掘調査が続けられました。貝塚からは縄文時代前期を中心として、膨大《ぼうだい》な量の遺物が発掘され、漆《うるし》の櫛《くし》、編みカゴや縄、二〇〇点あまりの石斧の柄、昭和五十六年、五十七年と二艘《そう》の丸木舟が発掘され、そのうち一艘は、全長六メートル八センチ、最大幅六三センチのほぼ完全なものでした。

椰子発掘の報に接し、地図を開いて見ました。

貝塚の周辺は、福井県を代表する景勝地《けいしょうち》ですが、原発地帯（原子力発電所のある地域）でもあります。若狭湾《わかさわん》と世久見湾《せくみわん》にはさまれるように常神《つねがみ》半島が突き出て、そのつけ根の部分に、日向湖《ひるがこ》、久々子湖《くぐしこ》、水月湖《すいげつこ》、菅湖《すがこ》、その一番奥に三方湖があり、あわせて「三方五湖」と呼ばれています。最大の湖は水月湖で面積四・〇平方キロメートル、最小の日向湖は〇・九平方キロメートル、三方湖は三・五平方キロメートルの淡水湖となっています。三方湖には、はす川が注ぎ、その川岸に鳥浜貝塚があるのです。地図を見ながら是非一度訪ねてみたいと思いました。

鳥浜貝塚 ―― 福井県小浜市にて

昭和六十年十一月に神奈川県川崎市へ行く用事があり、折角《せっかく》なので、帰りは少し遠回りになりますが、鳥浜貝塚と、小浜《おばま》市にある福井県立若狭歴史民俗資料館に立ち寄ることにしました。鳥浜貝塚から発掘・修復された丸木舟が展示されている「いま甦《よみがえ》る丸木舟展」の最終日にもあたるためです。

川崎市での仕事が終わり、早朝、川崎を発ち、東京駅から東海道新幹線に乗り米原《まいばら》へ。そこから北陸線で敦賀《つるが》に、さらに敦賀から小浜線に乗り継いで行きました。出発した時の東京は快晴、米原付近になって曇天《どんてん》に変わり、敦賀駅に着いた時には雨が降っていました。日本の表と裏ではこうも違うものか、十一月の冷たい雨でした。

三方駅という小さな駅、そのホームから三方湖の湖面が望見できます。雨が降ったりやんだりする、うすら寒い日でした。

三方町立郷土資料館を訪ねる ―― 「ふるさとのあけぼの展」

駅から歩いて三方町立郷土資料館を訪ねると、「ふるさとのあけぼの展」が開催中でした。小さな資料館ですが、鳥浜貝塚を中心として三方町周辺の出土品が手際《てぎわ》よく展示されていました。ここには、水に浸けられて保存されている第二号丸木舟が展示されていましたが、これは、はす川に合流する支流の高瀬川の右岸《うがん》から出土したものです。長さ三メートル四七センチ、最大幅四八センチあり、船底《せんてい》に二カ所の削り出された凸《とつ》部がありました。材はスギで、時期は縄文時代後期、約三〇〇〇年前のものです。また一号丸木舟を、杉材を使って復元したものも展示されていました。

　資料館の見学を終え、鳥浜貝塚を目指して五〇〇メートルほど歩いたでしょうか。はす川に架かる橋に立つと「鳥浜貝塚発掘現場」という立看板が目につきました。鳥浜貝塚の範囲は、東西南北約六〇メートル以上です。二十三年間の調査で、ほぼすべての遺跡が発掘され、あとは農道下、堤防下、それに河床《かしょう》だけを残すのみとなりました。

　私が訪れた時には、まだ発掘は継続中で、鋼矢板《こうやばん》（土中に埋め込む鉄の板）を打ち込んで、浸水と崩壊を防いだ安全策がとられていました。はす川に合流する高瀬川のところに、小さな臨時の橋が架けられ、そこを渡って発掘現場に近寄ってみました。そこは水深が三、四メートルと深く、湧水《ゆうすい》で泥沼のような状態になっており、側に近寄って発掘をつぶさに見ることはできません。鋼矢板の中で、黙々と発掘が行われています。ベルトコンベアーが、発掘の泥土を運び上げています。みるみるうちに白い貝殻まじりの泥土が積み上げられていきます。これらの山を水洗いしながら、メッシュで種子や極小の遺物を選別していく仕事が次に待っているのです。

鳥浜貝塚の発掘現場

糞石《ふんせき》の研究

糞石

鳥浜貝塚は、放射性炭素を利用した「１４Ｃ年代測定」では、五五〇〇年前、縄文時代前期という数字が出ています。鳥浜は「縄文時代のタイムカプセル」そのものです。土器、石器は言うに及ばず、木器《もっき》や繊維類、動植物、そして排泄物までが発掘されています。排泄物？　そう糞《ふん》です。

　この糞と言えば、千浦美智子さんのことを思い出します。ここから出土した糞石の研究に短い一生を捧げた人でした。糞は長い年月のうちに石化し、形状を保っていました。十次に及ぶ調査で多数の糞石が発見されましたが、とりわけ昭和五十年の調査ではなんと四五〇個体が発掘されています。

千浦さんは「糞石から得られる情報は、単に食生活の再現だけでなく、環境そのものであると言ってよいくらいの多くのデータが回収できる」(『縄文文化の研究』)と記しています。日本では初めて、千浦さんによって、この分野の本格的な研究が進められようとしていましたが、その矢先、惜しくも二十九歳という若さでがんで亡くなりました。昭和五十八年度の調査概報《がいほう》研究成果では、カラーで糞石の出土状況が紹介されています。

私がフィリピンを旅した時、ダバオの港内近くでゴミが堆積しているところを見ていたら、その周辺に黄色い塊《かたまり》があります。妙な匂いもします。よく見ると、みな糞でした。その時、私は鳥浜貝塚のことを思い出しました。鳥浜貝塚で糞が出土するということは、縄文人たちにとっても貝塚はゴミ捨て場であり、便所でもあったのです。

縄文人が見た海

さて、折角ここまで来たのですから、「鳥浜貝塚人たちが見たであろう日本海を見ておこう」と思いました。時間もまだ二時間ほどあります。駅まで戻って、タクシーに乗り、運転手さんに「海が見えるところに行ってください」と頼みました。小雨が通り過ぎていきます。風も出てきました。うすら寒い日です。「十一月ごろはこんな天気が多いんですよ」と、運転手さんの話。鉛色の空、荒涼《こうりょう》とした初冬の景色、冷たい雨。ここは若狭の国、小説家水上勉《みなかみつとむ》が好んで描いた世界であり、風土です。三方湖、水月湖の横を通り、名物になっている舟小屋が見え隠れします。湖畔《こはん》のあちこちに梅林もあります。「福井は梅の産地です」と運転手さんが教えてくれました。坂を登り、下ると海が見えてきます。

「ここです」。車が停車、「塩坂越」と書いてしゃくしと読み、そのむかし、塩を焼いて運んだということです。弓状の小さな砂利浜でした。海は白波が立ち、荒れていました。ジャラジャラと石と石が擦《す》れ合う音が響いてきます。

若狭なる三方の浜清みい往き還らひ見れど飽かぬかも

（『万葉集』巻七、一一七七）

しばらくの間、塩坂越《しゃくし》の浜に立って、海を見ていました。それから、また同じ道を引き返し、三方駅へ戻りました。三方駅から小浜線に乗って小浜市へ。小浜は若狭の政治・経済・文化の中心だったところです。安政大獄《あんせいのたいごく》で亡くなった幕末の志士《しし》、梅田雲浜《うめだうんぴん》の銅像がある中央児童公園近くのビジネスホテルに宿をとりました。

夕食をすませて、ぶらりと小浜の街を歩いてみました。若狭塗《わかさぬり》の店や、若狭メノウ細工《ざいく》屋がところどころにあります。通りには海産物屋が並び、カニの季節ということもあり、有名な越前ガニが並んでいました。「ヘシコ」、これは鯖《さば》や鰯《いわし》などを粕《かす》につけ、重石《おもし》で押した魚の漬け物みたいなものです。かつては保存食料としたものですが、今は小浜の土産品《みやげひん》となっています。

海産物の並ぶ道路には「さば街道」と記されていました。若狭から京都へ、これらの海産物は運ばれたのでした。

空印寺《くういんじ》の八百比丘尼《はっぴゃくびくに》

翌、早朝、小浜市内を歩いてみました。小浜城跡、宗像《むなかた》神社、なんと九州の宗像大社と同じ名前の神社があるのです。そこを参拝してきました。それから空印寺に足を延ばしました。ここには八百比丘尼の伝説があります。

父親がしまっていた珍しい魚（ジュゴン）を食べた少女が、八百歳になっても容色《ようしょく》がおとろえず、各地を遊歴《ゆうれき》し、小浜の空印寺の洞穴《どうけつ》で命を絶ったという話です。寺の左手に「八百比丘尼入定洞《にゅうじょうどう》」とある横穴石室《よこあなせきしつ》みたいな洞穴がありました。

これに似た話は、玄界沿岸にもあります。遠賀郡芦屋の庄《しょう》の浦《うら》の女が、ホラ貝を食べたため八百歳も生きたという伝説です。

八百比丘尼入定洞（福井県小浜市）

八百比丘尼物語

昔、若狭の国に高橋権太夫という長者がおりましたとサ。国中の人たちを招いて、ごちそうして自慢しておりました。

あるとき、「わたしの家にも来てください」と、海の向こうの国の主人から招かれて、権太夫は大喜びで船に乗って出かけましたとサ。船の着いたところは、これまで見たことのない立派な屋敷でした。たくさんのごちそうが運ばれて権太夫は楽しい幾日をすごしました。

「大変ご馳走になりました。そろそろ国に戻ります」と言うと、「それは残念。これから珍しい料理を差し上げようと用意していたところです」と主人は残念そうに言うと、「これはわが家の宝です。おみやげにお持ち帰りください」と人魚の肉を権太夫に渡しました。

権太夫は家に帰ると、もらった土産を戸棚にしまっておきました。権太夫の娘は、その土産をこっそり出して食べました。

それから権太夫の娘は不思議に何年たっても美しい姿のままでいました。

やがて娘は知る人もいなくなり、比丘尼（尼僧）となって、旅に出ました。

比丘尼は国々をめぐって病気の人を治し、貧しい人を助け、行くさきざきで椿の種をまき、花を咲かせて、各地を歩きました。

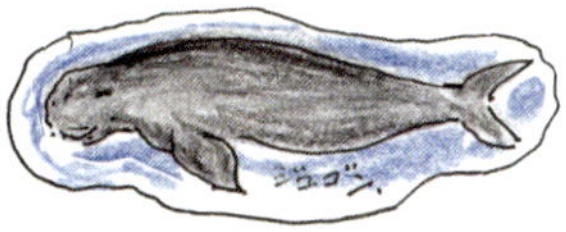

いつか八百年の年月が流れていきました。

比丘尼は生まれた若狭国に戻りましたが、若狭の人は誰も知らぬ人ばかりでした。

そして空印寺のほら穴に入って食を絶ち、そこで入寂しました。

比丘尼は椿を愛したため、玉椿姫ともいわれたということです。

木の文化

朝食をすませて宿を出ました。東小浜にある福井県立若狭歴史民俗資料館へ行くためです。そこで、「いま甦《よみがえ》る丸木舟展」が開催されており、その日が最終日でした。

常設《じょうせつ》の鳥浜貝塚の遺物を中心として、若狭周辺の出土物が、時代順に展示されています。私は多くの資料館や博物館を見学してきましたが、いつも感じることは、展示物の多くが、ガラスケースの中に納まり、簡単に説明や解説をつけられているだけのところがあまりにも多く、「展示すればよい」という事務的な感じです。要するに、専門家しかわからぬものです。なんだか少しも身近さを感じないのです。

ここの展示は、その点で、ずいぶん違うなと感じました。不思議に原始が、あるいは五五〇〇年前の「鳥浜縄文人」が語りかけてくるのです。昨日、鳥浜貝塚を見てきたせいだけではありません。解説や説明にちらりとのぞくユーモアも加わって、展示が生きていると言ったほうがよいかもしれません。

鳥浜貝塚の遺物を見ながら、我々が今まで考えていた以上に、縄文時代は、はるかに高度の文化的内容をもち、「木の文化」と称されるように、縄文人は木のすべてを熟知《じゅくち》していたことがわかります。縄文時代前期のまとまった木器類の出土は、石器や土器に片寄りがちであった従来の縄文時代観を、大きく変えたと言っても過言ではないと思いました。

発掘品は驚くばかりでした。ヤブツバキ製の漆《うるし》塗りの櫛《くし》。それにヒョウタン、リョクトウ（豆の一種）、エゴマなどがすでに縄文時代草創期《そうそうき》（一万年前）の層から出土しているのです。ヒョウタンの原産地はアフリカ、リョクトウはインドといわれ、これがどのような経路で日本に渡り、縄文人の手に入ったのか。海流でしょうか、それとも海流を利用して、直接、南方に住む人々が、中国江南《こうなん》を経由して伝えたのでしょうか。展示物を見ながら、いろいろな想像が頭をよぎります。

奈良・元興寺《がんごうじ》文化財研究所に預けられ、保存処理をされた丸木舟が帰ってきて、展示されていました。この展示会のメインでもあります。

乾燥処理をされた、スギ材の見事な木目《もくめ》が印象に残りました。長さ六・八メートル、最大幅六三センチ、深さ二六～三〇センチ。この展示に関連して、各地から出土した丸木舟や写真も展示されていましたが、鳥浜のものはどこのものよりも保存状態がよく、完成度も高く感じました。この丸木舟が三方湖を渡り、すべるようにして、日本海の外海へ出て行ったのでしょうか。丸木舟を漕《こ》ぐ櫂《かい》だけでも未成品や完成品を含めて、六十本ほどが発掘され展示してありました。

海から来たヒョウタン

ヒョウタンも展示されていました。ここのヒョウタンはクビレがないものです。よく見ると石器で切ったり、一部は加工されたものが数点ありました。

鳥浜を二十三年間掘り続けた森川昌和《もりかわまさかず》先生は、「一連の栽培植物は、確実に農耕の黎明《れいめい》を示していると言えるが、私は海流によって偶然種子が運ばれたということではなく、日本海を北へ南へと航海した縄文人、あるいは大陸からの渡来（海）人の存在を想定する」と言っています。

私はヒョウタンの場合、海流に乗って運ばれ、日本海沿岸に自生したのではないかと考えているのですが――と言うのは、玄界沿岸の浜を歩くとヒョウタンの漂着が多く見られますし、割れば種子は生きていて、土に埋めると発芽《はつが》します。漂着したヒョウタンを鳥がついばみ、種子が砂浜に散乱して発芽する可能性があるのではないかと思うのです。

ところで、漂着する果実や種子にヒョウタンとよく混同されるユウガオがあります。ユウガオはウリ科の蔓性の一年草で、ヒョウタンはこの変種です。『源氏物語』に出て来る「夕顔」はこれです。

ユウガオの実は、二〇センチほどもある球形の大きな実で、乾燥させて容器などに使われます。

種子を採集し、四月ごろに庭に蒔いてみると、七月ごろになると蔓が伸び、大きな白い花を咲かせました。

ユウガオの果実で作った容器

ココヤシロマン

椰子と縄文人の出会い

念願の椰子も展示されていました。ココヤシでした。ココヤシの内果皮《ないかひ》です。展示は三個体分で、アクリル容器の中に二片が水に浸けてありました。そして一片は乾燥して、端に焦《こ》げたような跡が見えます。鳥浜貝塚の報告書を見ますと、椰子の詳しい説明は記されていませんが、写真によると、北白川《きたしらかわ》下層《かそう》Ⅱc式土器に伴い、十層〜十五層の間から、クルミ、ドングリ、クリとともに出土しています。

ココヤシは黒褐色《こつかつしょく》をしていました。アクリル容器の中で、しかも水につけられ、ガラスの陳列ケースの中にあるのですから、かなり条件は悪いのですが、見た感じは加工されていないようでした。

平成九年、宗像市の宗像ユリックスで「海の漂着物展」をした時に、このココヤシを借りました。その時に、じっくり見ましたが、加工痕《かこうこん》は見られませんでした。

ココヤシ

鳥浜人たちは三方湖から定期的に外洋へ出ていたようですから（イルカや鯨、マグロ、ブリ、クロダイ、サメなどの外洋性の鯨類・魚類骨とともに、海産の貝類のサザエ、レイシ、コシダカガンガラ、マガキが出土しています）、女性や子どもたちは磯で海産物や、打ち上がった漂着物を採り、男性は沖へ出て漁を営んだのでしょう。

……ある時、鳥浜人の一人が浜に漂着した約三〇センチほどの楕円《だえん》状のものを拾い上げた。振ってみると音がする。自分たちの住居に持って帰り、表面の皮（外果皮《がいかひ》）を剥《は》いでみると、堅い殻（内果皮）がある。音はその中からする。石斧《せきふ》

で一撃を加えてみた。割れた殻に腐敗したコプラの臭いが漂った。殻は加工されることなく棄《す》てられたのかもしれない……。

椰子と縄文人との出会いを私はこのように想像してみました。

現在まで四個体が発掘されています。膨大《ぼうだい》な遺物量ですから、整理されればまだ個体が増えるかもしれません。

私は、玄界沿岸に漂着したココヤシだけでも、現在まで六六〇個以上を拾っています。丸い完形ものは、約一割、六〇個ほどです。それらは外果皮が剝げたり、藻類やエボシガイが付着していて、はるばるフィリピンあたりから三〇〇〇キロの旅をしてきた風格《ふうかく》みたいなものが感じられます。鳥浜のものも、東南アジアの島嶼《とうしょ》のどこか、島崎藤村《しまざきとうそん》流に言えば「名も知らぬ遠き島」より流れ出し、黒潮、そして対馬海流に乗って、日本海に入り、漂着したものでしょう。

さて、ココヤシの原産地は太平洋説が有力ですが、五五〇〇年前、すでに日本へ流れ着いていたというのは、「太平洋起源説」の有力な根拠にならないものでしょうか。

森川さんは、「縄文時代は南から、それはどうも南のほうの影響がきわめて大ということは、栽培植物の種子、椰子科の実、漆の技術など種々の出土品からいえると思っている」と言っています。

なお、ココヤシは銚子《ちょうし》市粟島台《あわしまだい》遺跡（縄文時代中ごろ、約四〇〇〇年前）からも出土していますが、これは表面に漆が塗られ、容器として使用されていたようです。黒潮本流に乗って来たものです。また、弥生時代のものは、島根県松江市西川津《にしかわつ》遺跡から見つかり、明石原人《あかしげんじん》の発見者である直良信夫《なおらのぶお》の著書にも、「大阪の大和川の川床《かしょう》遺跡の古墳時代の竪穴《たてあな》からココヤシが一個出土している」と書かれています。他に長崎県・里田原《さとたばる》遺跡からも発掘されています。

流れ寄る椰子の実（玄界にて）

2000 年前のココヤシの笛（壱岐出土）

椰子笛をふく

2000年ほど前、フィリピン方面から黒潮にのってヤシの実が壱岐の島に流れついた。海岸歩きをしていた弥生人は、不思議な形をしたヤシを部落に持ってかえった。

人々が集まり「なんやこれ」「どこんもんや」「みたこともないバイ」と弥生人は言ったかどうか。

たっぷり海水を吸ったヤシをふってみたら、タポーン、タポーンと音がする。ヤシの皮をはぎ黒い堅い殻があり、そこから音がする。弥生人はその堅い殻(内果皮)を石器でていねいにセカリとり。中から、どろどろの腐った液体がでてき、な。「くさかーーツ」「タマランバイ」と言ったかどうか。「この堅い殻は、なんか使われんかいな」と弥生人は考えました。

・ココヤシの殻が土笛となったか。土笛がココヤシの殻が利用されたか。?

形が土笛に似ているので笛に使われるのでは…吸口をこうして広げてそれにいくつかの穴をほがして…こうしてヤシ笛ができあがった

土笛を吹く、マジナイジジに吹いてもらおう。ブフオオーツ、ブフオオーツ。さあおどれ、神さまをよべ…

比恵《ひえ》遺跡のココヤシ

さて、平成三（一九九一）年二月、福岡市の博多駅の南二・五キロの比恵遺跡（福岡市博多区博多駅南四丁目）からココヤシを加工した容器が出土しました。

発掘されたココヤシは、口径八・五センチ、高さ一二センチ、容積は約七ミリリットル。ココヤシの繊維質の皮を剥ぎとり、殻の部分を取り出し、発芽孔（三孔あり、その一つが薄くなって、芽はそこをつき破って出る）の部分からおよそ四・五センチほど切り取ってあります。断面を見ると鋭利《えいり》な刃物の跡が交互に残っているので、金属か石器で丹念《たんねん》に切り取ったのでしょう。

切り取った部分の近いところに四カ所の小さな穴がうがたれていますが、恐らく吊り下げられるようにしたものでしょう。長期間、土中にあり、黒色化しています。容器の大きさから推定して、約三〇センチほどのココヤシのようです。

さて、ココヤシ容器が出土したのは、比恵遺跡群の一つで、建設予定地です。調査されたのは、弥生時代の集落跡《しゅうらくあと》でした。住居跡が十四棟、井戸跡十四、貯蔵穴《ちょぞうけつ》（穀類《こくるい》を入れて保存する穴）も多く発掘されています。ココヤシ容器が出土したのは、直径二・一メートル、深さ二・八メートルの貯蔵穴の中で、十数個の壺や甕《かめ》や木器類とともに出土しています。深い貯蔵穴内の湿気《しつけ》が、木器やココヤシ保存を可能にしたのでしょう。時期は、弥生時代中期後半、約二〇〇〇年前のものです。

考古学少年

「比恵遺跡」と言えば、私が考古学に興味を覚えたのはこの遺跡からでした。

小学六年生の時、友人から二〇〇〇年前のものという小さな弥生土器の破片をもらい、深く感動しました。どこで拾ったのかを尋ねたら、博多駅裏の「比恵」の畑地と言います。博多駅（現在の博多駅から西に約三〇〇メートルほど離れていました）をめざし、比恵を尋《たず》ね歩き、その付近の畑や田圃《たんぼ》などを歩き回りました。当時、比恵は水田や畑地が広がるところで、人家は疎《まば》らでした。何度も歩いて、とうとう土器片を見つけました。一度見つけると、不思議なことに、あとはどんどん見えてきます。それから土曜日や日曜日には、とりつかれたように採集に出かけました。

水田には小さな溝《みぞ》がいくつもあり、その溝を何げなく見ていたら、溝の両端に土器が分厚く重なっているではありませんか。早速、溝の中に入って泥まみれになって掘りました。水田の周囲は丘陵がところどころに残り、畑地となっています。土を採ったような丘陵の断面には、二〇〇〇年前の合口甕棺《あわせぐちかめかん》がいくつも顔を出していました。それから、「考古学少年」となって、福岡市や周辺の遺跡で拾い、かつ掘り歩きました。

この比恵遺跡の最初の調査は、昭和十三（一九三八）年ごろ、比恵一帯の区画《くかく》整理が行われることになり、当時、九州大学の鏡山猛《かがみやまたけし》先生によって行われました。この時の調査で、住居跡、竪穴、井戸、甕棺が見つかり、それをとり囲むようにして溝が明らかになり、古代集落の有力な資料となりました。

弥生人とココヤシ

比恵の弥生人は、ココヤシをはじめて目にしたのでしょうか。いや、博多湾に時折り流れ寄っていたものだったのではないかと思われます。これは、次のことからも説明できます。

比恵遺跡から発掘されたココヤシ容器と同様な土製品が、大野城市の中《なか》・寺尾《てらお》遺跡の甕棺の副葬土器《ふくそうどき》（死者と一緒に入れる土器）にあることを知りました。この中・寺尾遺跡は、弥生時代前期から中期ごろまでの共同墓地で、土拡墓《どこうぼ》（地面に穴を掘って埋葬したもの）、甕棺墓（大きな甕の中に埋葬したもの）など四十三基が発掘されました。

そこの七号甕棺は、弥生時代前期後半ごろのものです。その甕棺の横に小さな土器が副《そ》えられていました。土器は高さ一五センチで、甕状をした変わった形をしていました。

「この土器の焼き方は悪く、胴部《どうぶ》もあまり張ってなく、それに口の近くに一対ずつの穴があけられています。文様《もんよう》も縦につけられていました」発掘者は、従来見たことのない文様であると言っています。

今、比恵から出土した椰子と比べてみると、この椰子の容器とずいぶんよく似ています。一応、

正倉院のココヤシのレプリカ展示

報告者は、土器表面に描かれた文様を羽状紋《うじょうもん》としていますが、文様が上、下にあって従来の弥生土器にない文様です。

土器の文様は、ココヤシの内果皮の特色をよく示しています。内果皮の表面を見ると、縦状に筋《すじ》が入っています。報告者が羽状紋と言っているのは、それなのです。弥生人は、ココヤシの内果皮の表面にある筋を文様として土器の表面につけたのです。ココヤシの若いうちには、内果皮に外果皮の繊維が強圧《きょうあつ》されて残っています。

要するに、弥生人の間で漂着した椰子が話題となって、その漂着したココヤシを真似た土器が作られたのでしょう。真似して作られた土器は埋葬され、その後、本物の

羽状紋の拓本

椰子容器が、弥生時代中ごろまでに伝世《でんせい》されたと私は考えてみました。もしかしたら、当時漂着した椰子は、三孔の部分を切り、口を広げて穴をうがち、吊り下げられるように加工されるのが普通であったのかもしれません。

そこで、このココヤシが「漂着した」と考えるか、「南方から持ち運ばれた」と考えるか、二つが推測できます。

弥生時代の前中期ごろから、ゴホウラ、イモガイなどの南方産の貝類が、腕輪《うでわ》として利用されていますが、それらとともに、南のほうの珍品《ちんぴん》として種子島、奄美あたりからの漂着物が一緒に運ばれたのかもしれません。

私は、博多湾漂着説をとりたいと考えます。福岡市東区志賀島から海の中道にかけては、漂着物が多く、前述した通りです（「玄界沿岸というところ」九ページ）。今でもココヤシをはじめ、南方系果実、種子の漂着が多いところです。玄界沿岸に漂着したものは、私の拾ったものだけでも約六六〇個を数えます。同じ椰子科のニッパヤシの場合は、昭和五十年に二度にわたって四十数個ずつが大量漂着しています。したがって、玄界灘から博多湾に流入して、博多の浜辺に漂着したものが弥生人の目にとまったのでしょう。

故郷への回帰

さて、椰子には不思議に私たちをひきつける何かがあります。椰子を見たり、拾ったり、中の果水を味わった時の心理について、三木成夫《みきしげお》（解剖学者、発生学者であり、自然哲学者として知られる）という人が『胎児《たいじ》の世界』という書物の中で面白いことを書いています。

椰子には、「何のおぼえもない遠い過去が、突如、一つのきっかけでよみがえる」ものがあり、それを三木氏は、「故郷への回帰《かいき》」と言っています。鳥浜の縄文人も、博多の弥生人も、初めて見た椰子の実に、彼らの中に流れる「南の血」が騒ぎ、懐《なつ》かしさが拾わせたものでしょうか。

私も、椰子と言えば、皮でも拾ってきます。これも「故郷への回帰」でしょうか。

海からのメッセージ
椰子ものがたり

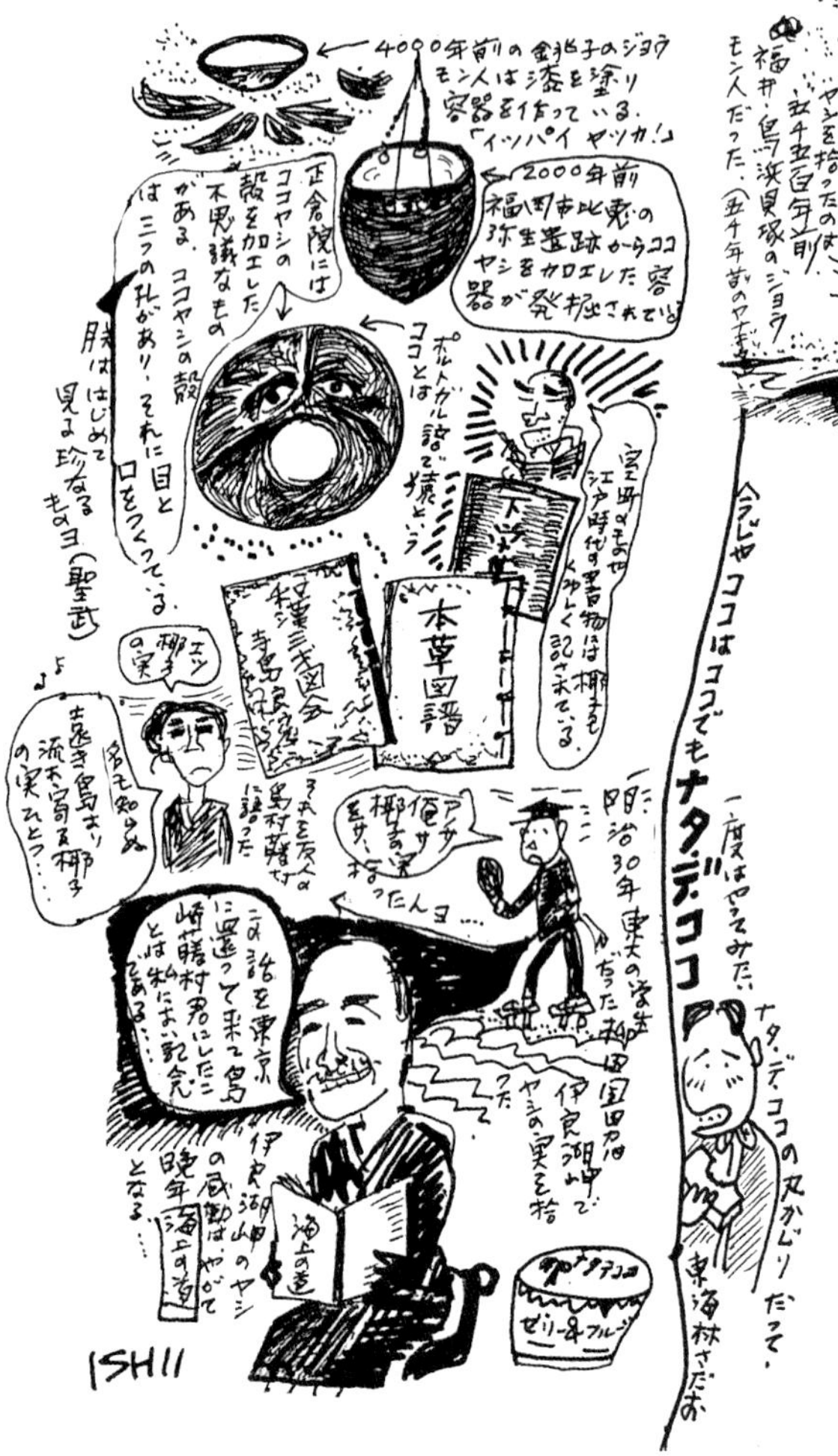

正倉院の椰子の実

正倉院の椰子の実

毎年、秋に正倉院曝涼展《しょうそういんばくりょうてん》が開かれています。曝涼展とは、正倉院宝庫の虫干しで、その中の何点かを展示して、一般に公開します。正倉院は、奈良・東大寺に納められている聖武《しょうむ》天皇の遺品や東大寺の仏教関係のものからなっています。約一万点余があるそうです。

平成三（一九九一）年の展示は七十九点で、うち初公開は二十六点でした。その時の目玉は「螺鈿紫檀五絃琵琶《らでんしたんごげんびわ》」でしたが、私の目当ては、初公開の椰子の実でした。

どちらも最終展示室の陳列ケースに収まっていました。「天平《てんぴょう》の華《はな》」と言うべき琵琶には、来場者の輪がいくえにもできています。椰子のほうは、人が比較的疎《まば》らで、私はじっくりと見ることができました。

椰子はココヤシでした。繊維質の皮（中果皮《ちゅうかひ》）をきれいに剝ぎとり、殻（内果皮《ないかひ》）は、自然面を残して磨かれています。黄褐色《おうかっしょく》をしていて、大きさは一一・八センチ。

そもそもココヤシの「ココ」は、ポルトガル語で猿という意味です。殻にある三孔《さんこう》の部分を正面から見ると、猿の面ように見えるところに由来するのです。正倉院の椰子の実は二孔を目とし、その下地を白く塗り、黒く目玉を入れ、眉毛も黒く描いています。口の部分は、発芽孔の薄い膜のところを、円形に三センチほど広げています。垂れ目で、口を大きく開き、おどけた表情にも見えます。

正倉院宝庫に、椰子の実が蔵《ぞう》されていることを知ったのは、松嶋順正《まつしまじゅんせい》氏の『正倉院よもやま話』からでした。同書によれば、「ヒヨン」と言われていたもので、これが椰子の実であったことや、種々の文献《ぶんけん》や残っている文書から推定して、鎌倉時代を下らないものだということです。

さて、この「正倉院の椰子の実」は、どんな経路で、正倉院に納められるようになったのでしょうか。

私は、正倉院の椰子の実を見ながら、こんなことを考えていました。

松嶋順正氏の記されるように、天平のむかし、日本に漂着した椰子を加工して献上したという説に賛同したい。縄文人も椰子の実を拾ってきました。

この不思議なものはいったいなんだ？　正面から見るとサルのような顔に見える。もう少し口を広げて、目や鼻を描いてみたら面白いものができた……と。

あるいは、国際都市長安《ちようあん》に、遙か海のシルクロードを通って南海から運ばれ、売られていたものが遣唐使の目にとまり、それが日本に持ち帰られ、献上《けんじよう》されたというのもいいなあ、と。

さらに、想像をたくましくするならば、この椰子の実は、聖武天皇も、光明《こうみよう》皇后も、そして愛娘《まなむすめ》、阿倍内親王《あべのないしんのう》（孝謙《こうけん》・称徳《しようとく》天皇）も触れていたと――。正倉院の椰子を見ながら、いろいろと想像を広げるのは楽しいものでした。

正倉院宝庫

漂着物と文化

『東征伝絵巻』より、流出する荷物

古典にみる漂着物

不安、兆し、畏怖

五五〇〇年前、縄文人は、すでに浜に寄ってきた椰子を拾っていました。これが証明される最古の漂着物です。

さて、古典の中から漂着物を探してみました。ここで紹介する本はどれもよく知られた書物で、活字化もされ、現代語に訳され、解釈され、しかも手軽に図書館で読むことができます。四面海に囲まれた日本ならではの話です。

ハリセンボンと針

流れ着くハリセンボン

『日本書紀』(七二〇年、舎人親王による日本最古の勅撰の正史。神代から持統天皇までの記述)斉明《さいめい》天皇四(六五八)年には、出雲《いずも》国から「北の海辺で魚が死に、厚さ三尺ばかりも積み重なっております。大きさは鮐《ふく》のようで、雀《すずめ》のようなくちばしと針のような鱗とがあり、鱗の長さは数寸です。土地の者は『雀が海に入って魚に化けたもので、雀魚《すずめうお》という名だ』と言っております」と報告しています。

これは、ハリセンボンという魚です。体にトゲ状のもの(ハリ)をいっぱいつけた魚を水族館で見られた方も多いでしょう。また、観光地の土産物店でも内臓《ないぞう》を取り、ふくらませて乾燥させ、ニスを塗ったものが縁起物として売られており、大きなものになるとフグ提灯として天井から吊り下げられて売っているのを見かけることがあります。

冬の海岸を歩くと、たくさんのハリセンボンが漂着しています。『日本書紀』に記されたような大量漂着は、宇田道隆《うだみちたか》先生の著書『海と漁の伝承《でんしょう》』の中にもあり、一九五三年ごろから多く漂着したり、漁でもたくさん網にかかったということが記されています。

『日本書紀』の中に、この記述があるのは、当時の人が「何か異変ではないか」と感じたからでしょう。大量漂着は、今でも私たちの不安をかきたてます。「何か悪い兆候《ちょうこう》ではないか」と。
これに似たことは、平安時代の歴史書『続日本後紀《しょくにほんこうき》』（八三三〜八五〇年までの記述。八六九年完成）巻八に載っています。

見知らぬものへの不安

漂着物ではありませんが、同書の仁明《にんみょう》天皇の承和《じょうわ》十二（八四五）年八月、「出羽国田川郡《でわのくにたがわのこおり》西浜の地は、本来石の無いところなのに、八月の長雨のあと、海岸に行くと、自然の隕石《いんせき》が少なからず散っている。それは鏃《やじり》に似《に》たり、鋒《ほこさき》に似ている。色は白、黒、青、赤など様々《さまざま》で、その先は西の方を向き茎《なかご》は東を向いていた。土地のお年寄りに聞いても見たこともないという。しかもこの砂浜には古来、小石もないところだという。そこで陸奥《むつ》、出羽《でわ》ならびに大宰府などに、もし変事があれば適宜《てきぎ》に処理し、かつ言上《ごんじょう》（身分の高い人に申しあげること）してよく権略《けんりゃく》（臨機応変の計略、はかりごと）を制し、不慮《ふりょ》（おもいがけないこと）のことを防ぎ、禍《わざわい》を転じて福となすよう勅《ちょく》を下した。またこれに先んじて、仏寺に法を修し、諸神に幣《へい》か帛《はく》を奉らしめた」とあります。同じような出来事が、次から次と出羽の国司から朝廷に言上されています。『日本三代実録《にほんさんだいじつろく》』（平安時代の歴史書。八五八〜八八七年までの記述。九〇一年完成）には、三回も出てくるのです。

これらは大雨や長雨で埋もれた縄文時代の石鏃《せきぞく》（石でつくられた矢じり）が露出し、それを見た人々が、何か悪い兆候《ちょうこう》とみなし、驚き畏《おそ》れを抱いたためでした。

打ち上げられた巨人

『今昔物語《こんじゃくものがたり》』（平安時代末期、十二世紀ごろに成立したとされる説話集）の本朝部の「常陸国《ひたちのくに》□□《（不明）》郡に寄せられた大きな死人の語《こと》　第十七」にこんな話があります。

藤原信通朝臣《ふじわらののぶみちあそん》という人が、常陸守として任国《にんごく》にあった時のこととして、任期が終わるという年の四月ごろ、風がものすごく吹いて大荒れに荒れた夜、□□(*)の郡の東西の浜とい

＊文中の□□は、原文で不明（読めない）箇所を示す。

うところに死人が打ち寄せられた。その死人の身の丈《たけ》は五丈《じょう》（一丈は尺の十倍＝約三メートル）余りもあった。横になっている時の胴《どう》の高さは、半分は砂に埋もれているにもかかわらず、馬に乗った人が向こう側へまわると、手に持った弓の先だけがこちらへ見えるほどだった。その大きさが推測されよう。その死人は首から上が切れていて頭がなかった。また、右の手、左の足もなかった。これは鰐《わに》（サメ）などが食いちぎったものであろう。それが五体満足であったならば、実に大変なものであったろう。また、うつ伏せて砂に埋もれていたので、男女いずれともわからなかった。ただし、身なり膚《からだ》つきからは女のようにみえた。

国の者どもはこれを見て、みんな、あきれはててしまい、見物人は黒山をなし、大騒ぎになった。

また、陸奥の海道《かいどう》というところにいた国司《こくし》の□□の□□という人も、こんな大きな死人が打ち寄せられたと聞いて、使者を出して検分《けんぶん》させた。とにかく砂に埋もれているので、男女の別はわからぬが、やはり女であろうと見たのに対し、見物の中にいた悟りある僧などは「この全世界のうちにこのような巨人の住むところがあるとは、仏も説いておられぬ。案ずるに、これは阿修羅女《あしゅらめ》（地下か海底に住み絶えず闘争を好む）でもあろうか。この膚つきなどの美しさは、ひょっとするとそうかもしれぬ」と疑うのだった。

国司がお上《かみ》へ報告しなければと言うと、国の者たちは、接待《せったい》など大変だから、隠《かく》しておいたほうがいいと言ったので報告は取り止めになった。また一人の武士が巨人を見て、こんな巨人が攻めて来たら大変だ、矢が立つか試してみようと、矢を放つと、矢は深々と突き刺さった。人々は「よう試したものだ」とほめそやした。

さて、その死人は日が経つにつれて腐《くさ》ってきたので、あたり十町《ちょう》二十町（一町＝一〇九メートル）以内には、人も住めず、遠くに逃げ出していった。あまりの臭さに堪《た》え

漂着した巨人に矢を射かける

られなかったからだろう。

とあります。

　これはいったい何でしょうか。私はおそらく、漂着したクジラであろうと思います。比較的新しい漂着で、その頭部や体の一部がサメなどによって食いちぎられたものでしょう。

クジラが流れ着く

　これと似たような話が平成元（一九八九）年十月、遠賀郡岡垣の波津浜《はつはま》でありました。やはり頭部のないクジラが漂着し、多くの見物人が集まり、新聞にも報じられました。しかし、日が経つにしたがって腐敗《ふはい》が進み、その臭いが風に乗って周辺の家々に流れ、とうとう役場に頼んで、ショベルカーで大きな深い穴を掘って、クジラを埋めてしまいました。

　戦前には、津屋崎の宮司浜《みやじはま》に、死んだクジラが漂着し、隣町の興行師《こうぎょうし》が駆けつけて、早速、クジラの周りに幕を張りめぐらせて、五銭ほどの見物料を取って見世物《みせもの》にしたそうです。そのクジラの大きさに「大変びっくりした」と土地のお年寄りが語っていました。

　江戸時代のことですが、江戸湾でクジラやマンボウ、オサガメが捕獲《ほかく》され、見世物になった記録がいくつも残っています。

　さて、クジラの骨は海が荒れた時に、よく打ち上げられています。いま流行の建築材の石膏《せっこう》ボードのようですが、注意して見ると、骨には小孔《しょうこう》があり、手でさわると、質感と重さがあります。

　私が最初にクジラの骨を見つけたのは、津屋崎町（現・福津市）の白石浜でした。長さ二二センチ、幅一二セン

打ち上げられたミンククジラ

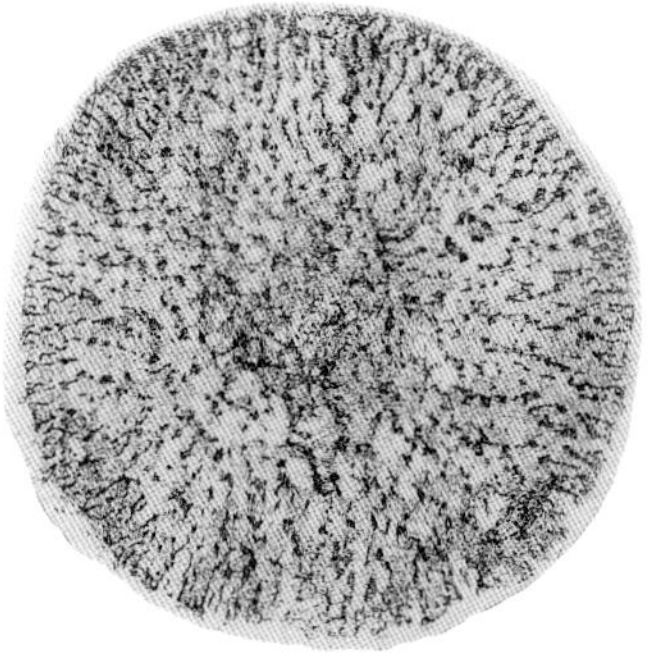

クジラの椎盤

チ、重さは一〇九〇グラムありました。表面は白くなっていて、少し曲がったようになっています。長い年月海底にあり、海水を吸ったため重くなったものでした。鯨骨《げいこつ》は、砂や石に擦《す》れ、次第に小さく割れていき、漂着した時には、骨の部位がよくわからないものが多いのです。今までに、二十五個ほど漂着を記録しています。

　福岡市東区海の中道（玄界灘）の沖には、まとまってクジラの骨が沈んでいる可能性があります。

　昭和六十二（一九八七）年の夏でしたか、近くの漁協から私の家に電話がかかってきました。「沖で網を引いていたら、大きな骨がかかったが見てくれんだろうか、どうも恐竜のごとある」と言うのです。興奮しました。海になれている人たちが、恐竜というのですから。

　早速、駆けつけました。どうも、これはクジラの椎骨（脊柱《せきちゅう》をつくる個々の骨）のようでした。長さ五七センチ、厚さ二〇センチ。重さは三〇キロほどのものが、二個でした。そのころ、私は海の中道で十個ほど、クジラの骨を見つけています。ですから、沖の海底にまとまってクジラの骨があるような気がします。この他にも、遠賀郡岡垣町の浜も、鯨骨がよく打ち上げられます。ここで確認したものは、長さ一〇〇センチ、幅七〇センチ、重さ六〇キロと大きなもので、他にも十個ほどが漂着しています。

　福岡市の文化課に勤めていた塩屋勝利さんから聞いた話です。彼の出身は長崎県の壱岐《いき》です。少年時代、壱岐の海で素潜《すもぐ》りをして、アワビやサザエを採っていた時に、海底に鯨のアバラや椎骨がゴロゴロしていたそうです。

文献《ぶんけん》に見るイルカの漂着

　イルカの漂着の話は、『日本書紀』の次の勅撰史書《ちょくせんししょ》として知られる『続日本紀《しょくにほんぎ》』にあります。『続日本紀』は七九七年に成立したもので、六九七年の文武《もんむ》天皇即位《そくい》から、桓武《かんむ》天皇の七九一年までを記した史書で、奈良時代を知る根本資料となっています。

　「天平十五（七四三）年五月二十八日、備前《びぜん》国がつぎのように言上《ごんじょう》しました。邑久郡《おくぐん》の新羅の邑《むら》（新羅からの渡来人の住んでいたところか、師楽《しらく》の地名もある）久浦に大魚

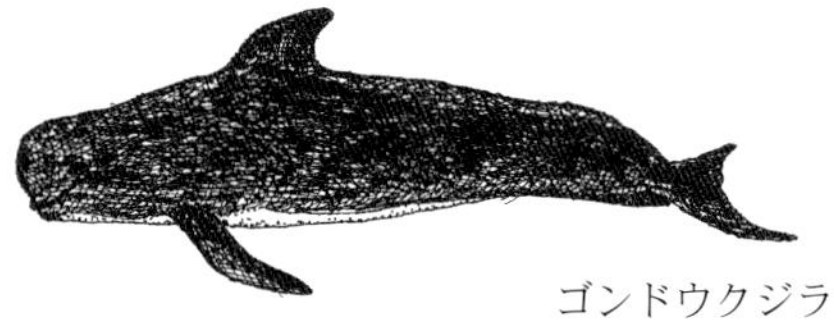

ゴンドウクジラ

五十二匹が漂着しました。長さは二丈三尺（一丈は約三メートル三〇センチ、一尺は約三三センチ）以下、一丈二尺以上で、皮の薄いことは紙のようであり、眼は米粒に似ており、その声は鹿の鳴き声のようであります。老人が皆言うのには、いまだかつて、このような話は聞いたことがない」というものです。

「皮が薄い」とあるのは、表面のつるつるした感じからでしょう。目が小さいことや、鳴き声なども記されており、その特徴からイルカではないでしょうか。

イルカは集団で打ち上げられることがあり、「イルカの集団自殺」などと報道がよくされます。宮崎県青島、長崎県壱岐《いき》、五島《ごとう》で大量漂着をしています。このように、イルカが生きたまま浜に上がったり、死体が海岸に寄せられることを「ストランディング」と呼んでいます。

その原因としては、「病気やけが、ないしは老齢による死亡説、悪天候や複雑な海底地形による迷子《まいご》説、引潮《ひきしお》によって干潟《ひがた》に取り残されたり、遠浅《とおあさ》や砂地のためにエコロケーションによる位置決定ができなくてのしあがるという定位不能説、群れのリーダーがなんらかの原因でストランディングし、それに統率されたほかの個体も一緒にストランディングするという説」（『鯨とイルカのフィールドガイド』）があげられています。また、宮崎医科大学（現・宮崎大学医学部）耳鼻咽喉科名誉教授の森満保さんは、『イルカの集団自殺』の中で、ナジトレマという寄生虫による聴神経《ちょうしんけい》の異常が、大量漂着の原因という説も紹介しています。

私が玄界沿岸でイルカを最初に見たのは、昭和四十五（一九七〇）年の夏でした。陽射《ひざ》しも強く、砂の照り返しに、浜はむっとするような感じでした。腐った臭いが風に乗ってきます。三〇メートルほど先に、盛り上がるように黒っぽいものが見えました。近寄って見ると、半分砂に埋もれたゴンドウクジラ（マゴンドウ）でした、全長約二・五メートルあります。

翌日、五歳と三歳の娘を見せに連れていきました。娘たちは口々に「大きかァ」とびっくりしていました。

それ以後、イルカの死骸の漂着は、年に二、三頭は

娘とイルカ　はじめてイルカを見た

目にします。漂着したものを、砂浜の上のほうまで引っぱり上げ、穴を掘って埋めてきたこともありました。一年後には完全に白骨化し、いい標本がつくれました。

こんなこともありました。

マイルカ

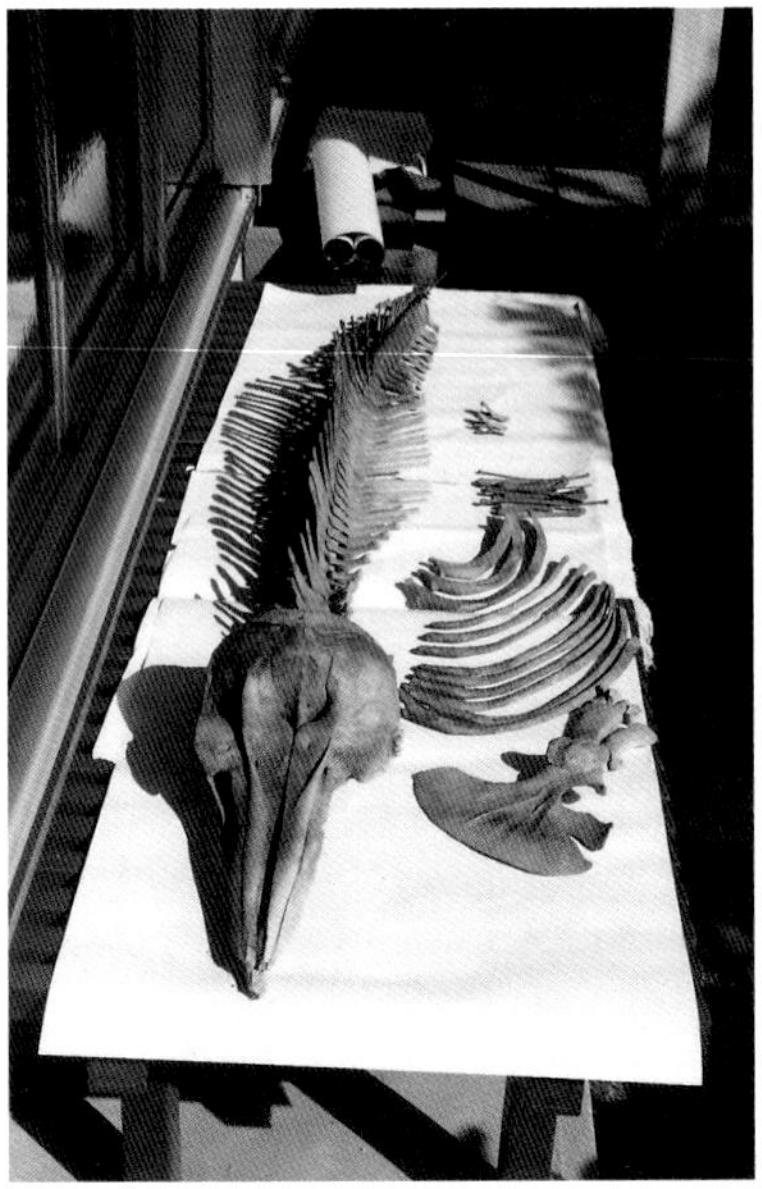

復元したイルカの全身骨格

昭和五十八年一月一日のことです。

天気もまあまあで風もなく、ぶらりと自転車に乗って、津屋崎町（現・福津市）恋の浦へ行ってみました。弓状の小さな浜ですが、漂着物はずいぶん多いところです。浜の中ほどのところで、骨らしいものが横二センチ間隔《かんかく》で、約一メートルほど一列に並んでいるのです。竹切れを拾って掘ってみると、完全に白骨化したイルカの骨格《こっかく》です。全長約一・七メートル。尾部の約五〇センチほどが失われていました。家に持って帰って、復元した大きさは約二・二メートルのマイルカでした。

韓荷《からに》ノ島

『万葉集』巻六の九四三番に、山部赤人《やまべのあかひと》の詠んだ歌があります。

玉藻刈る辛荷《からに》の島に島廻《しまみ》する鵜《う》にしもあれや家思はざらむ

この辛荷の島は「韓荷の島」、「唐荷島」とも書きます。兵庫県の室津《むろつ》の一番先に、藻振ノ鼻《もふりのはな》というところがあり、その南の海上に、陸地のほうから、地ノ韓荷《ちのからに》、中ノ韓荷、沖ノ韓荷と呼ばれる島があります。

この島をなぜ、「韓荷ノ島」と呼ぶようになったかと言えば、七一三年に朝廷が国々に命じて作らせた風土記があります。そのうち、今に残る五風土記《ふどき》の一つ『播磨国風土記《はりまのくにふどき》』の「揖《い》保郡《ぼのこおり》の条」に「韓荷島、韓人《からひと》の破れし船の漂《ただよ》へる物、此《こ》の島に漂ひ就きき。故《かれ》、韓荷嶋と号《なづ》く」

とあります。韓（中国か、朝鮮）の人の船が難破して、その荷が流れ着いたためにつけられた地名でしょう。この、三島の海岸を調査したところ、古墳時代の須恵器などが採取されています（「海の文化遺産総合調査プロジェクト」）。

内海《うちうみ》にも漂着物が流れ着く

瀬戸内海は、内海で静かな海という印象を受けますが、むかしは海が荒れると、海難事故が絶えなかったようです。瀬戸内海に面した本土側に、「沖ノ島」のように祭祀《さいし》遺跡（お祀《まつ》りをして航海安全を祈ったところ）が数カ所、発見されていることからもわかります。

瀬戸内海と言えば、『平家物語』に記された「卒都婆流《そとばながし》」は、薩摩国鬼界島《きかいじま》（現・鹿児島県硫黄《いおう》島と言われる）から卒都婆（死者への供養、追善のため墓地に立てる細長い木の板。岩波国語辞典）を千本流したという話で、安芸《あき》の宮島《みやじま》（広島県）にそのうちの一本流れ着いたとあります（後述六六ページ）。

『日本書紀』にこんな記事もあります。

沈香のかけら

「推古天皇の三（五九五）年夏四月のことです。沈水《じむ》という香木《こうぼく》が流れ着きました」

これは、ジンチョウゲ科に属し、別名は沈香樹《じんこうじゅ》とか伽羅《きゃら》と言われるもので、香料です。原産地はインド東部のベンガルとかアッサム地方で野生に見いだされるものです。

「沈水が淡路島に漂着しました。其《その》大きさは一囲《ひとかこい》、嶋人《しまびと》は沈水ということを知らないで、薪《まき》に使ってカマドで焼いたところ、そのケブリのいい匂いが遠くまでただよったという。それが珍しいものとして、お上《かみ》に献上《けんじょう》されました」というものです。

島袋源七《しまぶくろげんしち》の「沖縄における寄物」によれば、島に流木がある時には、爪でひっかいて匂いをかいでみるものだとお年寄りが話しています。これは暴風後に時々、香木（白檀《びゃくだん》）を拾うことがあるからだそうです。

瀬戸内海の宮島厳島《いつくしま》神社の前に漂着したという『平家物語』の「卒都婆流」の話や、『日本書紀』の沈水の話などは、内海にも南の島の漂着物が流れ込む可能性を示していると言えるでしょう。

不吉な漂着

『吾妻鏡《あづまかがみ》』は治承《じしょう》四（一一八〇）年、源頼政《よりまさ》の挙兵から文永三（一二六六）年までの八十七年間を、編年体《へんねんたい》で記した鎌倉幕府の公式記録です。この中にいくつか漂着のことが記載《きさい》されています。

貞応《じょうおう》元（一二二二）年四月二十六日に鎌倉幕府のある前浜《まえはま》、腰越《こしごえ》などの浦に、死んだ鴨《かも》がたくさん寄ってきたので、百怪祭《ひやくくわいさい》を執《と》り行っています。「百怪」とは日常的でない諸現象をすべて怪異《かいい》と見たもので、陰陽道《おんみようどう》ではこれを取り除くために祭りを行います。大量死や大量漂着は、今でも何か悪いことの前兆《ぜんちょう》（まえぶれ）と思われています。

また、漂着物ではありませんが、嘉禄《かろく》三（一二二七）年閏《うるう》三月二十日には、「腰越の海辺、潮赤《しおあか》くして血のごとし」とあるのは赤潮《あかしお》（プランクトンの異常発生）と考えられます。

福津市花見の赤潮

赤潮の記録は、他に次のようなものがあります。

宝治《ほうじ》元（一二四七）年三月十一日に「由比《ゆい》の濱《はま》の潮、色を変じ、赤くして血のごとし。諸人《もろびと》群集《ぐんしゅう》してこれを見ると云々《うんぬん（しかじか）》」。

建長《けんちょう》四（一二五二）年正月二十七日には、「海辺の波濤《はとう》の色紅《べに》のごとし。就中《なかんづく》に比の浦より和賀江嶋《わかえじま》に至るまでかくのごとし。諸人これを怪しむ。よって御占を行はるるのところ、吉《きち》事と云々」。

建長四年二月二十八日、「腰越の海上より和賀江の津《つ》に至るまで、海の水、血のごとし。廣《ひろ》さ三丈《じょう》ばかり。晩に及びて消滅しをはんぬ（後略）」。

私が歩く福津市でも、よく赤潮を目にします。

貞応二年五月十三日、「近国の浦々に大魚（その名がわからない）が死んで浮かびあがって、三浦の崎、六浦、前浜の間に、みちあふれて漂着した。鎌倉の人が、その形の完全なものを買って煎《せん》じて、魚の油を取った。街中にその匂いがただよった。人々はこれは旱魃《かんばつ》のきざしといった」とあります。

宝治元（一二四七）年五月二十九日、「陸奥国（青森県）津軽《つがる》の海辺に大魚が流れ寄った。その姿はちょうど死人のようである。先日、由比の海水が赤色になったのは、もしかしたらこの魚が死んだためだろうか。したがって同じころ、奥州《おうしゅう》の海や浦も赤く紅のようになったという」と記し、「不吉なことではないか。文治《ぶんじ》五（一一八九）年の夏、この魚があがった。秋には藤原泰衡《やすひら》（奥州藤原氏三代）が滅ぼされた」。この大魚が流れた時には、いろいろな大きな出来事があっているといくつかの例を挙げています。

宝治二年十一月十五日、「陸奥国留守所《るすどころ》から報告があった。去る九月十日、津軽の海辺に大魚が死んで浮かび漂着した。人のかたちのごとしと云います。このことは三度です。皆よいことではない」などと記されています。

「大魚、人のかたちのようである」というところは、先に紹介した『今昔物語』の大女の漂着に共通するところがあり、クジラか大型イルカか、大形のサメの可能性があります。

漂着物への関心

不吉な漂着を畏れる一方で、同じく『吾妻鑑』貞応《じょうおう》三（一二二四）年二月二十九日には、「去年の冬に、高麗人《こうらいじん》の乗船が越後国寺泊《てらどまり》の浦に漂着しました。その中に武具（弓や大刀）、帯、銀匙《さじ》、鋸《のこ》、箸、櫛などがあった」ことが記されています。武具などは日本のものに似ているといい、帯の中央に銀の簡《かん》をつけ、銘《めい》四字が記されていたが、これは多くの人が読むことができなかった、というようなことも記されています。

海の向こうの異国の物に、深い関心があったことがわかります。

高麗人の舟が漂着した

北方動物もやって来る

海流に乗ってやって来るものは、南からのものばかりではありません。北のほうからは、リマン寒流《かんりゅう》や、親潮《おやしお》などの寒流が南下しています。それに乗って北方系の動物たちが来るのです。回遊して来ると言ったほうがいいかもしれません。

日本各地の海岸に迷い込んだり、一時期棲《す》みついたり、時にはその死骸が漂着したりすることもあります。その都度、人々は驚き恐れました。

アシカ

珍重された海獣 ―― オットセイ

私の家から西へ四キロほど行ったところに、糟屋《かすや》郡新宮町があります。海辺に近い松林の中に、新宮神社という小さな社《やしろ》があります。その神社に一枚の絵馬《えま》が掲《かか》げられています。それには、二人の男が描かれ、一人が波打ち際のところで、巨大なオットセイの首に縄をかけて引っ張り、もう一人はトビ（棒の先端にカギ状のものがついている、引っかける道具）をふりかざしています。

新宮神社の絵馬に描かれたオットセイ

絵の右上には、こんなことが書かれています。

「明治三十九（一九〇六）年正月廿日《はつか》、早朝、お潮井《しおい》を取ろうと海岸に出てみると、波間に黒い大きな物が漂っています。よく見ると海獣《かいじゅう》です。すぐに近くの人を呼び集めて協力してもらい、引き上げてみると、オットセイでした。津屋崎には、水産試験場があり、陳列《ちんれつ》してある標本と全く同じでした。拾得物《しゅうとくぶつ》の手続きをして、巡査にも報告をしました。このことが新聞紙上に掲載《けいさい》されたため、全国各地に知られ、この肉が良薬になるため、郵便や電話などで購入したいとの申し出をする者がひきもきらず、とうとう漂着したオットセイを売って、病気で苦しんでいる人たちの一助としたのです。この絵馬は売ったオットセイの絵を描いて新宮神社に奉納した」とあります。

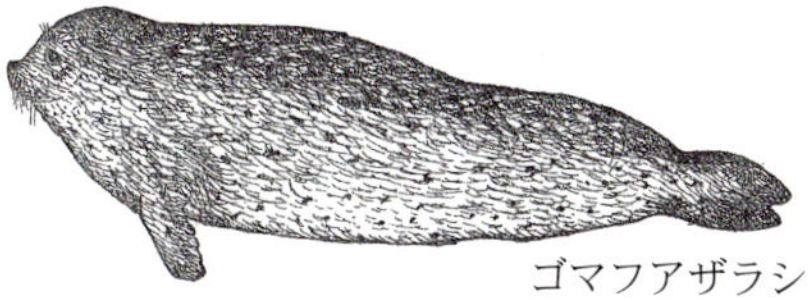
ゴマフアザラシ

アザラシが迷い込む

こちらは、もう少し古くなります。

明治十九（一八八六）年といいますから、ざっと百二十年以上にもなります。

福岡市西区今津に生立浜《おぶだちのはま》というところがあります。春には潮干狩りでにぎわうところです。その浜から朝晩、奇妙な犬のような鳴き声がします。ゾッとするような鳴き声だったようで、近くに住む水崎万蔵は、投げ網を持って浜に出ました。岩場のところで鳴き声はします。万蔵は投げ網で化け物を捕まえました。大きさは約一メートル、全身に毛があり、手と足に鋭いつめがあり、そこが水かきになっています。顔は猫とも、犬とも見分けがつかないものでした。だれもが「海狗《うみいぬ》（犬）」としか言いようがないと言います。

この万蔵が珍しい生き物を獲ったという話が広がり、二人の漁師が、この海狗を買い取りました。芸を教えたりしましたが、ほどなく四十余日で死んでしまいました。今津の西隣りの糸島というところに、洞眠斎《どうみんさい》という絵師がいて、この海狗の話を聞き、絵に描きました。

今も今津の水崎家にその絵が掛軸に仕立てられて残っています。もうボロボロになっていますが、私はこの絵を見せてもらったことがあります。体に斑点があり、体やその形からアザラシです。小さな斑点から、どうもゴマフアザラシと考えられます。回遊の途中、親と離れて、今津に迷い込んだと考えていいでしょう。

洞眠斎が描いた今津に漂着したアザラシ

昭和四十四（一九六九）年七月、私の家の近くの津屋崎町恋の浦の沖の刺網にも、ゴマフアザラシがかかりました。これは、近くにあった九州大学水産増殖科学館に剥製となって保存されていました。

アザラシは、昭和五十九年十月には佐賀県の唐津市

津屋崎のゴマフアザラシの剝製

高島沖で、十一月には佐賀県の神集島《かしわじま》近くで網にかかっています。

最近では、関東あたりにも流れてきて棲みついたアザラシが評判になり、「タマちゃん」や「アラちゃん」と呼ばれて人気者になりました。

ゴマフアザラシは体長一五〇センチから二〇〇センチほどになりますが、体重は雄が一五〇キロ、雌が少し小さく一二〇キロほどになります。体色は光沢ある灰色またはチャコール・グレーで、黒及び白色の小斑点が散在しています。

生息地は北半球だけで、北極圏から寒帯までの沿岸域です。種類はタイヘイヨウゴマフアザラシ、カナダゴマフアザラシ、ヒガシタイヘイヨウゴマフアザラシ、グリーンランドゴマフアザラシとニシタイヘイヨウゴマフアザラシなどがいるそうです。

各地にあらわれた海獣たち

各地に残る絵馬を調べてみますと、北方系の動物を描いたものが残っています。

愛知県蒲郡市竹島町の八百富《やおとみ》神社の小絵馬にも「海豹《かいひょう》（アザラシ）の図」があります。これは天保十一（一八四〇）年三月吉日に奉納されています。また、詳しく地図を見ますと、アシカ島（和歌山県日高郡・愛知県田原市・神奈川県横須賀市）とか、トド島（山形県酒田市・新潟県村上市・島根県出雲市）という名のついた小島や岩礁を全国各地で見つけることができます。そこは一時期、北方系の海獣たちが回遊して来る場所でもあったようです。

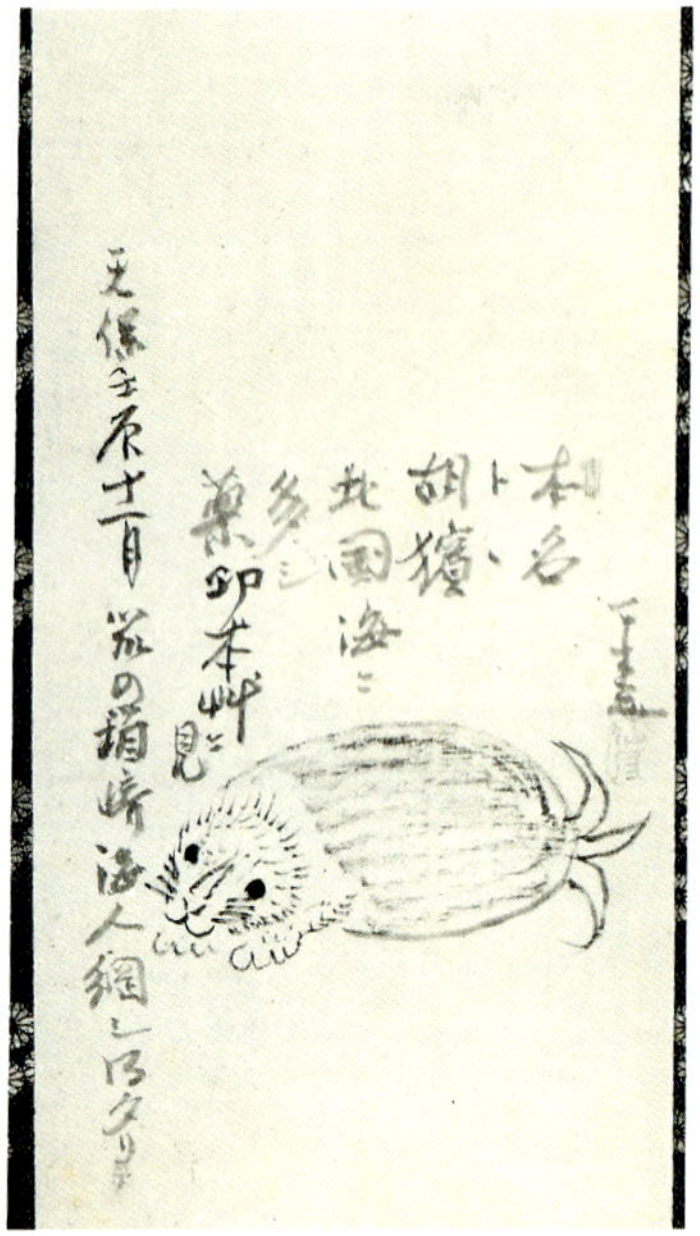

仙厓和尚のトドの掛軸（出光美術館所蔵）

トド

流れ着いた丸木舟

土中の舟

遠賀郡岡垣浜に漂着した丸木舟

『北越雪譜《ほくえつせっぷ》』が鈴木牧之《すずきぼくし》によって著されたのは、天保《てんぽう》六（一八三五）年ごろです。初編には雪の観察記録が、二編は雪国の自然と人々の暮らしが記してあって、貴重な雪国の民俗誌になっています。雪の観察はこまかく、しかも鋭《するど》いものです。

二編の巻之四に「土中《どちゅう》の舟」という記述があります。越後《えちご》国ですから新潟県です。

その蒲原《かんばら》郡に下新田という村があり、村を流れる阿加川の岸を掘ったところ、土中から長さ三間（約五メートル四五センチ）ばかりの舟が出てきた。全体は少しも腐っておらず、形も今の舟と少しも異ならない。ただ、金具を使うところは、みな鯨の髭《ひげ》を用いているのが珍しく、丸木舟に使われている材質はよくわからない。どう見ても異国の舟であろうという。

筆者（鈴木牧之）が越後に遊んだ時に、杉田村の小野家に、この舟の材で作った硯箱《すずりばこ》を見たが、木質《もくしつ》は漢産《かんさん》（中国産）と思われ、これはたぶん、漂流してきた夷船《えびすせん》（異国の舟）であろうと言っています。

土中から出てきた舟と言えば、天保九（一八三八）年に、愛知県海東《かいとう》郡諸桑《もろくわ》村の満成寺《まんじょうじ》という寺の裏から出てきた丸木舟は、なんと長さ一三間二尺、幅七尺有余（約二四メートル、幅二・一メートル）というクスの木で造られた大きなものでした。しかも、船中からは、「大網《おおあみ》のいわ（オモリ）、古瓦《ふるがわら》、古銭、其余異形《いぎょう》の珍器《ちんき》多く出たり、夫《それ》より又其ほとりをほりかへしみれば木仏像の半軀《はんく》（からだ）を掘出せり」（『尾張名所図会』、一八四一年）というもので、数々の珍しいものが一緒に出て、相当評判となりました。そのため、当時の記録が多く残っていますし、話がだんだん誇張《こちょう》された面もあり、内容にそれぞれ違いもあるようです。

日本各地から、多くの丸木舟が掘り出されていますが、中にはどうしても南からの漂着としか考えられない材質のものがあります。熱帯樹木のラワン材で造られたものがそれです。

昭和七（一九三二）年に大阪市福島区船津《ふなつ》橋遺跡から、長さ六・三二メートル、幅一・一五メートル、深さ二五センチの丸木舟が掘り出されました。材質はラワン材です。この舟は「縁《ふち》の内側に向かいあい、六個ずつの差し渡しをうけいれる刳《く》り残しの突起があり、また中央よりやや船端《ふなばた》に片寄って帆柱を建てる柱受けが刳り残されている」とあります。

「越後国に打ち寄せられた小船の語《こと》」

さて、丸木舟が日本に漂着した例があるのでしょうか。『今昔物語』にこんな記事を見つけました。これも越後の国の話です。「越後国に打ち寄せられた小船の語《こと》、巻第三十一、第十八」です。

今は昔、源《みなもとの》　行任《ゆきとう》朝臣《あそん》という人が越後守として任国にあった時、□の郡の浜に小さな船が打ち寄せられた。幅二尺五寸、深さ二寸。長さ一丈（約三メートル三〇センチ）ばかりである。これを見つけた人が、これはなんだろう、誰かが戯《たわむ》れに造って海に投げ入れたのだろうか、と思って、よくよく見ると、その船の舷側《げんそく》に一尺（三〇センチ）ばかりの間隔を置いて、ずっと櫂《かい》の跡がついています。その跡はひどく使い減らされているのです。そこで、その人は、たしかに人が乗っていた船だと判断し、いったい、どんな小さな人が乗っていた船だろうと、あまりの意外さにあきれかえった。

「これを漕《こ》ぐ時には、ムカデの手のように見えるだろう．世にも珍しいものだ」と言って、国司の館に持っていくと、守《かみ》もこれを見て、あきれかえった。土地の長老は、「これまでも時々こんな小船が流れつくことがあった」と言った。「してみると、その船に乗るくらいの小人がいるに相違あるまい。このように越後国に、たびたび流れついたのは、その小人の国が越後より北にあったからであろうか。他の国ではこんな小船が流れついたという話は聞かない。

（『今昔物語』東洋文庫・平凡社）

とあります。南方あたりの一人乗り丸木舟でしょうか。

各地に流れつく丸木舟

昭和のはじめごろ、島根県の美保関《みほのせき》に鎮座《ちんざ》する美保神社に近い野井海岸で、丸木舟が一艘漂着し、美保神社に保存されています。大きさは長さ約六メートル、幅一メートルほどあり、巨木を刳り抜いてあります。

ところで、私の住んでいる玄界沿岸にも何艘か丸木舟が漂着しました。まずは、古い時代のものから記してみましょう。

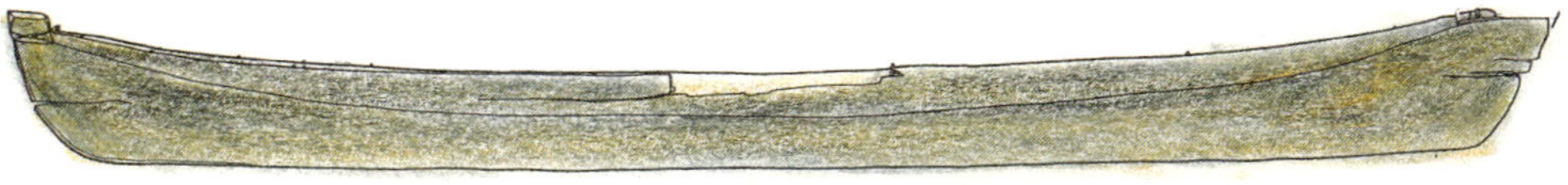
遠賀郡岡垣浜に漂着した丸木舟、横から見た図

昭和五十七（一九八二）年五月に、佐賀県唐津《からつ》市二夕子《ふたご》三丁目の工事現場から一艘の丸木舟が掘り出されました。全長五・五メートル、幅九〇センチ、深さが約二〇センチほどで、刳り抜きがやや浅いものでした。材質はラワン材です。ラワンは先ほど述べましたように、東南アジアの熱帯樹木ですから、南方から漂着して砂に埋没した可能性があります。

次に漂着したのは、今から数十年前、遠賀《おんが》郡岡垣《おかがき》町の浜で、海岸を散歩していた小役丸《こやくまる》卯《う》太郎《たろう》さんが、波間を漂うような状態で、漂着というより漂流中といった状態の丸木舟を見つけました。全長四・九メートル、幅七〇センチ、底部に三個の作り出しがあり、中央部に帆を固定させるような長方形の作り出しがみられます。大木《たいぼく》を刳り抜いたものですが、舟縁《ふなべり》の部分は継《つ》ぎ足されていたようで、木釘《きくぎ》や鉄釘が残っています。先に記した大阪の福島区から掘り出されたものと似ているところがあります。

私は昭和五十九年にフィリピンの島々を巡ってきましたが、海辺にカヌーを繋《つな》げたり、海に近いところでは、高床住居の下にカヌーを置いてあるのをよく見ました。台風などによって、それらが流れ出すことも多々あったのではないかと思われます。そう言えば、長崎大学や神戸商船大学（現・神戸大学海事科学部）にも、練習船が航海中に、海上を漂っているところを拾った丸木舟が保管してあります。

船に乗ってきた人

天竺人《てんじくじん》

人が船に乗ってきた話と言えば、『日本後紀《にほんこうき》』や『類聚国史《るいじゅうこくし》』（菅原道真の編纂による平安時代前期の歴史書。八九二年成立）などに見える「棉《めん》伝来」のことです。延暦《えんりゃく》十八（七九九）年七月と言いますから、平安京へ都を遷して五年後です。今の愛知県西尾市天竹《てんちく》町付近でした。現在は、海岸まで五キロほど離れていますが、当時はこの付近まで海岸でした。

一人の男が乗った小舟が漂着しました。その男のいでたちは、布で体をおおい、それは左肩に紺色の布を袈裟《けさ》がけのようにしています。身長は五尺五分（約一六五センチ）、年齢は二十歳ぐらいで、耳の長さは三寸余り（約九センチ）です。言葉はまったく通じません。唐の人はこの男を見て崑崙人《こんろんじん》（東南アジアあたりの人）と言いました。

その男は中国語を習っており、自分からは「天竺人」（インド人）と言ったそうです。男はいつも一絃琴《いちげんきん》（一本の弦を張った琴《こと》）を弾いて歌い、その声は哀調《あいちょう》をおびたものでした。

また、棉の種子を入れた壺を持っていました。この種子はのちに、紀伊《きい》（和歌山）、淡路《あわじ》（兵庫）、阿波《あわ》（徳島）、讃岐《さぬき》（香川）、伊予《いよ》（愛媛）、土佐《とさ》（高知）などの国や大宰府《だざいふ》（福岡）に植えられたと言われます。

天竺人

鬼

さて、皆さんは『古今著聞集《ここんちょもんじゅう》』という鎌倉時代の説話集をご存じでしょうか。作者は橘成《たちばななり》季《すえ》で、一二五四年（鎌倉時代）ごろに書かれました。その中（巻第十七）に「伊豆国に鬼の船が着いた」という興味深い話があります。『古今著聞集』を要約しますと、次のようです。

承安《しょうあん》元（一一七一）年七月八日、伊豆国奥島（静岡県）の浜に船が一艘着きました。島人たちは風に流された船かと思い行ってみたところ、陸地からおよそ七、八〇メートルのところに船を停めて、縄をおろし、海底の石に四方を結び固定させ、八人が船から上陸してきました。これを見ますと、漂着してやっとたどり着いたという感じではなさそうです。

しかし、島人たちが粟酒《あわざけ》をふるまうと、「飲みくひける事、馬のごとし。鬼はものいふことなし。その姿は八九尺ばかりにて、髪は夜叉《やしゃ》のごとし。身の色赤黒にて、眼まろくして猿の眼のごとし。皆はだかなり。身に毛おひず、蒲《かま》をくみて腰に巻きたり。身にはやうやうの物がたをゑり入れたり」、とありますから、入《い》れ墨《ずみ》でしょう。

「まはりにふくりんをかけたり。おのおの六七尺ばかりなる杖をぞ持ちたりける」という姿でした。

鬼の船が着いた

島人のなかに弓矢を持っていたのを、鬼は欲しがりましたが、断ると、鬨《とき》の声をあげて襲って来ました。このため、島人は五人が殺され、四人が大けがをしました。そのうちに火を放ったため、危険を感じた島人は、神物の弓矢を使って向かっていくと、船に乗って退散しました。

とあります。おそらく黒潮に乗って、南方から迷い込んだのでしょう。

峨眉山《がびさん》の木柱

先ほど記した『北越雪譜《ほくえつせっぷ》』に、もう一つ面白い話が載せられています。「娥眉山下橋柱《がびさんげのはしばしら》」といい、文政《ぶんせい》八（一八二五）年の十二月、越後国（新潟県）刈羽郡椎谷《かりばぐんしいや》の漁人が、椎谷の海上で漁をしていますと、一本の木が流れ漂っています。薪《まき》にしようと引き上げて拾ってきました。海水を吸っているので、乾燥《かんそう》させるため家の庇《ひさし》のところに立て掛けておいたところ、通りかかった好事家《こうずか》（物知り）が、木に「娥眉山下喬《はし》」という文字が彫られているのを見つけました。峨眉山《がびさん》と言えば、中国四川《しせん》省の名山《めいざん》（主峰の万仏頂は標高三〇九九メートル、中国仏教三大霊場の一つ）です。

『北越雪譜』には、この流れていた木の図が載せられています。上に恐ろしい顔の彫刻があります。「丈《たけ》一丈余、周《まわり》二尺五寸余、木質弁名《もくしつべんめい》べからずとし」これは四川省の名山、峨眉山から流れ出た経過を述べています。

「件《くだん》の標準《しるべ》洪水にて水に入りけん（略）直身《ちょくしん》、挺然《ていぜん》（ぬきんでている）として、我国の洋中に漂ひ、北海の地方より、椎谷の漁民に拾われて、始《はじめ》て水を辞《はな》れ、すでに一燼《いちじん》の薪となるべきを、幸に字を識者に遇ひて死灰をのがれ」とあります。

また、漂着していたこの付近の海は、「いずれの所も冬にいたれば、常に北風烈しく、磯へ物をうちよする、椎谷は焚きものとぼしき所ゆえ、貧民（貧しい漁師の意）拾ひ取りて薪となす事常なり」といっています。

この不思議な峨眉山の木柱は、今も新潟県刈羽郡高柳町の貞観園《じょうがんえん》に保存されています。私は平成四（一九九二）年の夏、貞観園を訪ね、見てきました。

この峨眉山の木柱は、良寛《りょうかん》和尚も知り、次のような詩を詠んでいます。

書法、温雅にして、かつ清新、分明《ぶんみょう》なり峨眉山下の橋（以下略）

峨眉山木橋

北陸、山陰海岸の漂着物伝承

寄《よ》り神《がみ》の伝承

日本海に突き出た能登半島は、三方を海に囲まれ、しかも対馬海流がまともにぶつかり、海流に乗った漂着物も多いところです。

能登半島の突端に近く、石川県鳳至《ふげし》郡（現・輪島市）門前《もんぜん》町・皆月《みなづき》は、輪島《わじま》の西南一六キロのところにある海辺の町です。八月十日、十一日に、この日吉《ひえ》神社には山王祭《さんのうさい》という祭りがあります。その日吉神社の祭神《さいじん》も、海から来た寄り神（漂着神）の伝承をもっています。

ここでは小函の中に神様が入って流れ着き、しかもご神体が成長をして、政木《まさき》、升本《ますもと》両家に仕えて、両家繁栄をつくり再びもとのご神体に戻ったというのです。

海の向こうから訪れる寄り神の伝承は、日本では能登半島が最も多いところです。小倉学氏は、『信仰と民俗』という書物の中で、この鳳至郡《ふげしぐん》だけでも、漂着物にまつわる例が二十社あり、能登半島全体では、六十社、寺院でも、漂着仏伝説が十余寺あるといっています。

能登の寄り神は、小倉氏によると、次のように分類されています。

イ、特定の物に乗って漂着したと伝えるもの

ロ、物に乗ってきたのではなく、ただ漂着したと伝えるもの

イの「特定の物」とは、船が十七社あり、小舟で来着したもの、桃の木で造った舟、丸木舟でアイ（東北）の風に乗じて来たものなどがあります。舟以外では、タコ、シリダカガイ、ワニ（フカ・サメ）、シカとカメ、ワカメに包まれたり、葉付き大根と俵藻《たわらも》、酒樽《さかだる》、鯨の腹の中などがあります。ロの「ただ漂着した」というのは、漂着の時に特定の者が顕《あらわ》わして、奉祀したというのが普通の型であるそうです。皆月の日吉神社の場合は、小函の中に神体（木像）が入り、与茂《よも》という者が発見し、神主の番場《ばんば》氏に託して奉祀しています。

鳳至《ふげし》の孫《ソン》

『今昔物語』には、神様でなく、桶《おけ》の漂着もありました。

『今昔物語』の巻第二十六「能登国鳳至孫得帯話（のとのくにふげしのそんおびをえたること）、第十二」と巻第二十「能登守依直心息国得財話（のとのかみうるわしきこころによりてくにをやすめたからをえたること）、第四十六」の二つです。

鳳至の孫の話を紹介すると、ころは平安時代でしょう。

能登国の男が凶兆《きょうちょう》（よくないことが起こる前ぶれ）を避けて、従者《じゅうしゃ》と連れだち、海辺に出ました。そこかしこを歩き、疲れたので、浜で横になったら、正午ごろ、前方の海を見て驚きました。海面が盛り上がって迫って来るのです。しかし、連れの従者には一向に、迫ってくる恐ろしい波が見えません。男は観念し、両手を合わせて座り込みました。しかし、波は襲いかかるように近づいて、やがてだんだん小さくなり、とうとう見えなくなってしまいました。

波打ち際に目をやると、黒く丸い物が漂っています。従者も気付き、走り寄ってみると、蓋《ふた》が閉まった塗物の小さな桶でした。それを取り上げ、蓋を開けて見ると、通天《とうてん》の犀角《さいかく》でこしらえた立派な帯が入っていました。「天が、これをわしに賜ろうとして、あのお告げがあったのだ」と言って、帯を持ち帰りました。

その後、家は隆盛をむかえ、大福長者となり、いつしか「鳳至の孫」と呼ばれて、その生涯を終えました。

その男に息子が一人おり、その帯を相続し、父と同様に長者として生活をしていましたが、国司《こくし》の善滋為政《よししげためまさ》がこの帯の噂を聞き、なんとか手に入れたく、無理難題を言っては責め立て、多くの郎等《ろうとう》、従者をひき連れて、鳳至の孫の家へ押し掛けてきました。日に三度の食事を出させ、それに五、六百の人数の者が「食物に難癖《なんくせ》をつけて食え」と命じられていたのですから、それ

波間に漂う桶を拾い上げて開けてみると……

石　帯

犀角（古賀市立歴史資料館蔵）

は大変でした。長者は相手の言うままに料理を出していましたが、滞在も四、五カ月となり、ついに耐えかねて、首に帯をひっかけて逃げ出してしまいました。国司は、家中の財宝を奪ってしまいました。

長者は各地を転々としますが、帯のお陰で、ひどい生活を送ることはありませんでした。為政の国司の任期が終わり、次に源行任《みなもとゆきとう》が国司になりましたが、長者は鳳至には戻りませんでした。次に藤原実房《ふじわらさねふさ》という人が国司となりました。長者は各地をさまよい、年をとったので、国司のもとへ行き、帰国したい旨《むね》を願い出ました。国司は長者にいろいろな物をあたえたので、持っていた帯を国司に渡しました。その帯は関白殿《かんぱくどの》に献上されました。

『今昔物語』はこのように最後を結んでいます。

「此《かか》ル微妙《めでた》キ財《たから》ナレバ、浪《なみ》トモ見ユ、火トモ見エケル也ケリ。其モ前世ノ福報《ふくほう》ニ依《より》テコソ、其帯モ得メトナン語リ伝ヘタルトヤ」。

興味深いのは、珍しい犀角《さいかく》製の帯を入れた桶が流れ着いたことです。能登半島という場所柄、面白いと思います。先に述べた漂着神伝説の多さとともに、今も浜を埋め尽くすほどに、韓国や中国の製品が流れ着き、東南アジアからの果実・種子が多く漂着していることなどがこの説話を裏付けています。私も二度ほどこの半島の浜を歩いて、この話の背景が理解できるような気がしました。

漂着物の多い北陸、山陰海岸

『今昔物語』の第四十六話と、前の十二話とは類型的で、もともとは一つの話であったように感じられます。第四十六話は、性廉直《れんちょく》（正直）な能登守某が仏神をうやまい、民を哀れみ、治国の実《じつ》をあげた報いで、国内巡視のおり、海岸に漂着した犀角を拾うのです。これはなかなか描写がリアルです。

浜ノ辺《ホトリ》ヲ行クニ、海ノ息《オキ》ノ方ニ、丸ナル物ノ小キ、浪ニ付テ浮《ウカビ》テ見ユ。守《カミ》、馬ヲ引ヘテ、

「彼《カ》レヲ何《イカ》ニ」□《（不明）》問ヘドモ「何トモ不見《ミエズ》」ト云フ。而ル間、風、息《オキ》ノ方ヨリ渚サマニ少シ吹ケバ、漸ク寄来《ヨリキタル》。近ク寄来タルヲ、弓ヲ以テ掻キ令寄《ヨセシメ》テ見レバ、平ナル桶ヲ、縄ヲ以テ細カニ結《ユワエ》タリ。取上ゲテ縄ヲ切テ開テ見レバ、油ニ油シタル紙ヲ以テ裹《ツツミ》タリ。其レヲ開テ見レバ、藤ヲ以テ但タル箱ヲ結タリ。其レヲ解テ、箱ヲ開テ見レバ、漆《ウルシ》塗リタル箱有リ。其《ソレ》糸ヲ以テ供タリ。其レヲ開キ見レバ、犀ノ角《ツノ》ヲ切テ、重ネツ、四方ニ結テ入タリ。取出テ見レバ、帯ニ荒造テ、三胥《コシ》ガ析《レウ》ヲ入タル也ケリ。

とあり、厳重にしかも、丁寧《ていねい》に包まれていた様子がわかります。

此レヲ思フニ、震旦《シンタン》（中国のこと）ノ人ノ、風ニ合テ船ナド損ジテ、海ニ入ケルニ、持タリケルガ、不意《ソゾロ》ニ寄来タルナルベシ。

と結んでいます。遭難した船に積まれた物が流れ出た可能性がありますし、描写から実際に拾った情景がうかがわれます。

北陸、山陰海岸は、ことのほか漂着物が多いようで、『続日本紀《しょくにほんぎ》』に、こんな記事も見えます。宝亀《ほうき》十一（七八〇）年三月三日の条に、出雲国が、「厨子《ずし》に入った金銅製の鋳物《いもの》の仏像一つと白銅製《はくどうせい》の香炉《こうろ》一口、あわせて種々の器物が海浜に漂着しました」と言上《ごんじょう》（目上の人に申し上げる。ここでは朝廷を指す）した、とあります。厨子とは箱で、その中に鋳物（型をつくり、その中に金属を流してつくる）の仏像などが入っていたのでした。朝鮮半島の新羅《しらぎ》か、または渤海《ぼっかい》（八〜十世紀、中国東北地方の東部にあった国）あたりのものかもしれません。先に記した『今昔物語』の話と合わせて考えても、場所柄、日本海を通じて大陸や朝鮮半島あたりからの漂流物であった可能性が強いでしょう。

『東西遊記《ゆうき》』の「流れ物」

以上は流れ着いた話ですが、流れている状態はどうだったのでしょうか。十八世紀後半（一七八二年ごろ）に書かれた橘南谿《たちばななんけい》の『東西遊記《ゆうき》』に、「流れ物」として次のように記されています。

熊野浦《くまのうら》（和歌山県）は南へ突き出たような地形で、格別暖かく、のどかなところです。しかし、南には国もない大海なので、波は高く風も強く、磯の荒いところです。そのような大海のことですから、時折、大風の後などは、いつも見られない珍しいものが流されてくることがあります。椰子《やし》の実、又は椰子の木などは、たびたび波に打ち上げられます。どこの国からやってくるのでしょうか。

江戸時代の頃、漁師の甚八というものが、沖へ五、六里ばかり離れたところで釣りをしていたら、波に浮いているものを見付け、引き上げて見れば、桶《おけ》でした。喜んで持ち帰って、よくよく見ると、桶の高さは二尺五六寸、直径は一尺五六寸、中がふくらんで、太鼓《たいこ》の胴のようです。桶側《がわ》の木の厚さは一寸余で、鉄にて輪を作り、それが八つ入っています。輪の幅は一寸三分。はなはだ丈夫にしてある桶です。桶の中央には小さな穴があり、子供のにぎりこぶしが入るほどのものです。桶の小口《こぐち》（切り口、横断面）には松葉のような文字が彫りつけてありました。（中略）拾った漁師は宝物のように言うけれども、何とも得体《えたい》の知れないものである。

そして「何国より流れ来たれる物にや、何国の船より落とせしものにや、ついに何ともしる人なし」とあります。この文章を読んで、甚八さんが拾った漂着物はいったい何と考えますか。

そうです。桶と書いてありますが、樽《たる》ではないでしょうか。ビールの樽みたいなもので、松葉のような文字が彫られていたというのですから、英語かなにかの文字で外国船から落ちたものとも考えられます。

何、これ？
いろいろ流れ着く

上：資生堂の神薬のびん
下：韓国製のブタの貯金箱

卒都婆流

千本の卒都婆《そとば》

『平家物語』卒都婆流

『平家物語』は鎌倉時代の前期につくられた源平合戦の戦記物語で、作者は信濃前司行長《しなののぜんじゆきなが》とされています。琵琶法師《びわほうし》によって語り継がれ全国に広がり、また戦記物の傑作《けっさく》として広く知られています。その中に「卒都婆流《そとばながし》」の項があります。

治承元《じしょうがん》（一一七七）年《ねん》、京都の鹿ケ谷《ししがたに》にあった俊寛《しゅんかん》の別荘に、後白河院の近臣《きんしん》である藤原《ふじわら》成経《なりつね》、平康頼《たいらやすより》、西光《さいこう》、俊寛らが集まり平家打倒の密議をしていました。しかし、それが発覚し、西光は斬られ、藤原成経、平康頼、俊寛の三人は、薩摩《さつま》国、鬼界《きかい》島へ遠島《えんとう》となりました。

平康頼は、故郷の恋しさのあまり、千本の卒都婆を作り、梵字《ぼんじ》、年号月日、通称と本名をしるし、二首の歌を書きました。

さつまがたおきのこじまに我ありとおやにはつげよやへのしおかぜ

（薩摩潟のはるか沖の小島にこの私のいることを、どうか親に告げて知らせてほしい。海をわたって吹く潮風よ）

思ひやれしばしと思ふ旅だにもなほふるさとはこひしきものを

（ほんのわずかな間の旅でさえ、故郷は恋しいもの。まして遠く島流しとなっているこの私の切実な望郷《ぼうきょう》の思いを、察してください）

これを浜に持って出て、「南無帰命頂礼《なむきみょうちょうらい》、梵天帝釈《ぼんてんたいしゃく》、四大天王《しだいてんわう》、堅牢地神《けんろうぢじん》、鎮守諸大明《ちんじゅしょだいみょう》神《じん》、殊には熊野権現《くまのごんげん》、厳島大明神《いつくしまだいみょうじん》、せめてこの卒都婆の一本だけでも、都へお伝えください」と神仏に祈り、沖の白波が寄せては返すたびに、卒都婆を海に浮かべた。日数を経るにしたがって、卒都婆の数も増していき、その帰京《ききょう》を願う切実な思いが、順風となったのか、また神仏がお送りなさったのか……。

流した卒都婆のゆくえ

『平家物語』によると、「千本の卒都婆のなかに、一本、安芸《あき》国厳島の大明神の御まへの渚《なぎさ》に、うちあげたり」とあります。なんと安芸国（広島県）の宮島《みやじま》に漂着したのです。宮島は平氏一門の信仰厚い厳島神社があるところで、一門によって平家納経《のうきょう》が奉納されているところとして知られています。

さて、厳島《いつくしま》神社に流れついた卒都婆は、康頼縁故《えんこ》の僧に見出され、やがて都に運ばれ、家族のもとに届けられ、平清盛のもとに伝えられます。その後、康頼、成経は許されますが、俊寛だけは島に残されます。その場面が『平家物語』の巻三に収録されている、有名な「足摺《あしずり》」です。

『源平盛衰記《げんぺいせいすいき》』（『平家物語』の異本の一つされる軍記物語）では、康頼の流した卒都婆の一本は紀州《きしゅう》（和歌山県）新宮《しんぐう》へ流れ着いたとあります。当時、黒潮についての知識があったのでしょうか。

この卒都婆流しを、実際に硫黄島から流して実験した人がいます。岐阜市内の高校の先生で、百本を作り、平成四（一九九二）年三月二十七日に硫黄島の三カ所から流したところ、四月二日に、同じ鹿児島県・南種子町を皮切りに七カ所に漂着、五月一日、高知県・佐多町にも漂着しました。瀬戸内海の入口とも言うべき位置で、厳島漂着の可能性を示すものと言えるでしょう。千本流していれば、もっと確率は高くなったのではないかと思われます。

平家物語　足摺《あしずり》

漂着物を拾ったら

漂着した物には、所有できるものもあれば、所有できないものもあります。地域によっては、漂着物を拾うときのルールもありました。

漂着物に関するルール

鹿児島県・沖永良部島《おきのえらぶじま》の知名《ちな》町では、こんな風習がありました。

漂着物を拾う場合には、黙って拾ってはいけない。拾う時には「おまえはどこへ行っていた、探していたぞ」と言って、長さを測るなどして拾わなければ、祟《たた》りがあると言われていました。

同島の和泊《わどまり》町では、帆柱を拾って帰った人が、これをしなかったため、夜中に帆柱がイビキをかき出したといいます。黙って拾ったため、帆柱が怒ったのです。また、熱病にかかったとも言われます。

鹿児島県悪石島《あくせきじま》（トカラ列島）では、漂着物は、原則として見つけた人の所有となりますが、これは両手にさげられる大きさ（量）までに限られていて、それ以上大きなものは、村のものになると言います。また福島県豊間の海沿いでは、一人で担げる寄木までと制限されました。

漂着物は偶然の要素が強いので、何が漂着するかわかりません。ただ、巨木とか、大きなもの、高価なもの、珍しいものは村のものになりました。また、漂着物は、拾得物と同じように、きちんと届け出なければならない地方もありました。

江戸時代の例ですが、拾得者は品名を書き付け、まず庄屋に届け出て、庄屋は代官や奉行に報告しなければならず、六カ月間、落とし主の申し出がない時には、拾った人にあたえられま

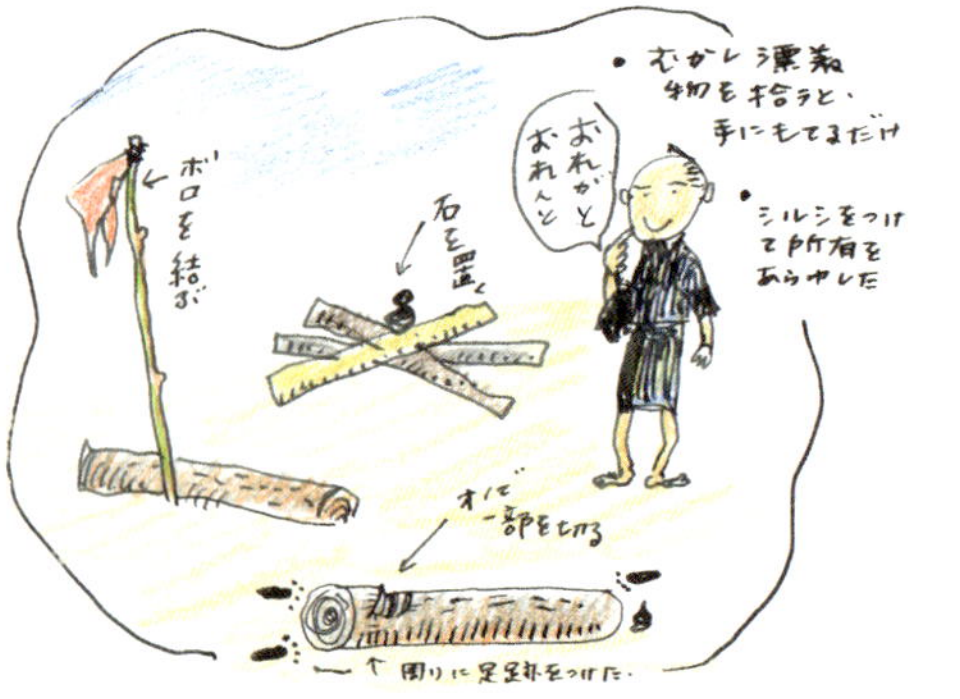

した。この届け出のわずらわしさから、自分の浜を狭くした庄屋さえありました。

シルシをつける

漂着物を見つけても、すぐに持って帰れないもの、また、たくさんある場合（主に木切れなど）は自分の物であるというシルシをつけました。

一、漂着物の上に石を置くと、他の人はそれを持っていくことができないのです。この石を『占め石』と呼びます。

二、漂着した木切れを交互に重ね合わせるものもあります。また、その上に石を置くこともあります。

三、漂着物自体か、また、その横に竹か棒切れをさしてボロ布をつけて置けば、これも所有のシルシとなりました。

四、その他、流木の場合、刃物でシルシを刻むことも行われていました。東京都・八丈島では漂着した木に刃物でシルシを付けたり、鹿児島県の沖永良部島《おきのえらぶじま》や平島《たいらじま》でも、刃物や斧でシルシを付けていたことが報告されています。台湾の高砂族《たかさごぞく》にもこのような風習があり、最初に見つけたら、蕃刀《ばんとう》で印を付けていたそうです（『続南方文化の研究』）。

占め石とシルシ（昭和五十年代）

漂着物への畏怖《いふ》

これは江戸時代のことですが、こんな話が古川古松軒《ふるかわこしょうけん》（一七二六〜一八〇三年。江戸時代の地理学者。諸国を周遊して記録する）の『東遊雑記』に出ています。

東北のある漁村を歩いた時のことです。

「海辺へ出たら、遭難した船がバラバラになり、船に積まれた道具が、木の葉を散らしたように浜一面に打ち上げられていました。船の帆柱から、金箱、米櫃《こめびつ》の類《たぐい》まであり、見るも哀れでした。どうしてこのように、数々の物を放置しているのかと尋ねましたところ、遭難した船の道具を拾えば、亡くなった人の霊や恨みが残っているので祟《たた》るから拾わないのだ」ということでした。特に遭難での死亡事故の物については、祟りを恐れていたようです。

また、漂着した板木（木切れ）は、一度、雨ざらしにして、穢《けが》れを払ってから使う、あるいは薪として使う場合には、煮物には使わないというところもありました。それぞれの地域で、いろんな決めごとやタブーがあったようです。

2011 年 3 月 11 日　東日本大震災

旅をする古松軒は何を見たか

ピスタチオ
ヒマ
沖縄にもアンゴが
リンゴマンゴ
メキシコマンゴ
フィリピンマンゴー
ギンナン
ランブータン
マンゴ王子様
マンゴスチン
熱帯果物の女王
チリモヤ
ペルー語で
冷たい種子
カシューナッツ
バンレイシ
カシューナッツ
ピーナッツ
カカオマメ
ドリアン
漂着していたら臭いので分かる
モダマ（豆のジャンボ）
ハマナタマメ
パパイア
野菜扱いパパイアもある.
キワノ
中はグリーン
タマリンド
アボガド
畑のバター
脂肪がある.
パンノキ
大きくなる

いろいろ漂着する

赤いソテツ
ライチー
ブラジルナッツ
マカデミアナッツ（ハワイ）
ハシバミ
パンギノキ
ヒシの実
ゴバンノアシ
アーモンド
トチノミ
よくクリと似ているがちがう。
マンゴ
クリ
クルミ
信州
クルミとにているがクルミではない…
タイヘイヨウクルミ
アフリカなど
バオバブ
ホウガンヒルギ
サキシマスオウノキ
9つぐらい種がかたまっている.
夕顔（フクベ）
種
たね

種子・果実

浜辺を歩いていると、種子類の漂着をよく目にします。
なかには、植えてみると芽が出るものもあります。
いったい、どこから流れて来たものなのでしょうか。

パラゴム

トウダイグサ科。樹の高さは一七～三五メートルほどになります。幹《みき》は直径六〇～一〇〇センチとなり、年平均気温が二六～三六度、二〇〇〇ミリ以上の年間降水量で、温暖多湿な気候を好みます。原産地は南米のアマゾン地方。

十九世紀後半、ブラジルから持ち出された種子が、イギリスのキュー王立植物園で発芽《はつが》し、スリランカ（セイロン）で育てられ、それが今日のマレーシア、インドネシアなどの広大なゴム園を生むことになりました。ドラマがありますね。

木質《もくしつ》の殻《から》に種子が三粒入っています。殻や種子が漂着します。

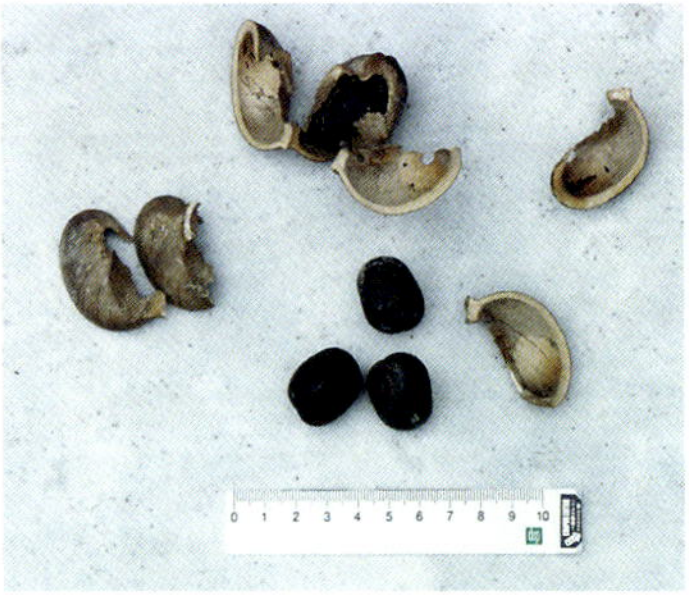

パラゴムの種子

ククイノキ

二〇メートルに達する常緑高木です。堅い種子は茶褐色をしており、大きさは、二、三センチ。ちょっと見ると、クルミに似ていますが、表面の凹凸《おうとつ》が浅いものです。

種子から油をしぼり、石鹸《せっけん》やペイントの原料にします。英名は「キャンドルナッツツリー」と呼ばれます。

原産地はマラッカ地方と言われ、中国、東南アジア、インド、太平洋諸島に分布します。

ニッパヤシ

一属一種の椰子科の植物です。種子は一〇センチ前後で、一個一個が固まるようにして集合果《しゅうごうか》をつけます。

これがばらばらに落ちて、海に漂い、各地の浜に漂着するため、「海椰子《うみやし》」、「ウォーターパーム」などと呼ばれています。

茎（地上茎）はなく、葉が直接地面から出ます。成長した葉を切りとって、屋根や壁に利用するため、「屋根ふき椰子」とも呼ばれています。

日本には沖縄県西表《いりおもて》島に二カ所、小群落があり、国の天然記念物に指定されています。黒潮に乗って運ばれ、自生したものでしょう。

カシューナッツ

昭和五十八（一九八三）年十一月の初め、福津市花見浜に、二、三センチほどの勾玉《まがたま》状の種らしきものが漂着していました。黄褐色をして、黒いヤニ状のものが噴き出たものもあり、勾玉状のくびれのところには、一ミリほどの小さなルリエボシガイが付着していました。数は二十五粒ありました。

家に持って帰り、熱帯植物の本で調べたら、カシューナッツとわかりました。カシューナッツはウルシ科で、一二～一五メートルになる高木です。果実は、一見、洋ナシ形の果実から中の種皮が飛び出して、着生しているように見えます。真の果実はこの先端部分で、ねずみ色の腎臓《じんぞう》形を呈し、長さ三～四センチ、きわめて硬い。中に一個の褐色の種皮に包まれた勾玉状の仁《じん》（植物の種子、核のこと）があって、これがカシューナッツです。

原産地は南米ブラジルで、十六世紀後半、ポルトガル人によって、アジア、アフリカに伝えられ、現在は、インドが世界最大の生産地であり、東南アジアではマレー半島東海岸に栽培されています。ビールのつまみによく合います。

ビンロウジュ

「檳榔樹《びんろうじゅ》」と書きます。これはビロウ(蒲葵《びろう》、あぢまさ)とよく混同されます。ともに椰子科で、日本に自生しているものは、ビロウのほうです。福岡県宗像市の沖ノ島が自生する北限とされます。自生しているところまで行きましたが、断崖絶壁にこの樹影を見つけて、深い感銘を受けました。

ビンロウジュはアレッカヤシとも言い、熱帯地方のものです。福津市の浜で、長さ四・五センチ、幅二・五センチ、茶褐色の繊維質に包まれた実が一個漂着していました。持って帰って調べてみると、ビンロウジュでした。

金平亮三《かねひらりょうぞう》の『熱帯有用植物誌』は、戦前に発行されたものですが、そこには、「マライの原産なるも熱帯地方に広く分布している。幹は通常、高さ二〇メートルほどになるものがある」と樹木の特徴が述べられています。

テレビや映画などで、東南アジアや太平洋諸島の人々が口をもぐもぐとさせ、時折ツバを吐き、口を開けると、歯が赤く染まっているのを見て、ぞっとした方もいるかもしれません。これは、ビンロウジュを嗜好品《しこうひん》にして噛《か》んでいるものです。コショウ科のキンマの葉に、ビンロウジュの実を削ったもの、石灰、ガンビール(阿仙薬《あせんやく》)、噛みたばこなどをくるんだもので、口中《こうちゅう》がさっぱりするそうです。

マンゴー

マンゴー(ウルシ科)は熱帯アジア原産で、北インドからマライ半島あたりといいます。樹の高さは一〇~二〇メートル以上に達する常緑高木です。

果実は平べったく、小さなもので五〇グラム。通常二五〇グラムから一・五キロ、それ以上のものもあり、品種によって大きさも変わるようです。果皮は、赤っぽい色、黄色をはじめ濃黄色《のうおうしょく》または緑色をしています。中に平べったい紡錘《ぼうすい》形の大きな種子があり、種子の表面は細い繊維で覆《おお》われています。

漂着するものには、果実も種子もあります。船に積みこまれたものが、食べられたり、腐敗して棄《す》てられた可能性があります。

品種は多いですが、店頭に出ているものは、フィリピンとメキシコ産が主です。国内では屋久島から、沖縄あたりで栽培されていましたが、最近は、宮崎県産のものが高級マンゴーとして売り出されています。先日、北海道でも栽培されているとニュースで紹介されていました。驚きました。

マンゴスチン

マンゴスチンはマライ半島およびスンダ列島の原産と言われています。

常緑の小高木で、高さ六〜一〇メートル。果実は球形で、直径五〜八センチ。柿ぐらいの大きさです。果皮は七ミリほどで厚く、果頂《かちょう》に梅鉢《うめばち》状の柱頭痕《ちゅうとうこん》があるので、マンゴスチンだとわかります。中に六片前後の真白な果肉《かにく》が入っています。

味は、やや酸味がありますが、上品な甘さです。熱帯果実にしては香りがありません。日持ちが悪く保存が難しいため、かの大英帝国のビクトリア女王は、「わが支配地に産地があるが、食することができないのは残念」と嘆《なげ》いたと言います。

昭和五十二（一九七七）年末から、昭和五十三年の一月にかけて、私の住んでいる花見浜から津屋崎浜にかけて、五個ほど漂着していました。花見浜のものは、いくつかの果実のヘタがビニールに連結してあり、まだ果実が一個残っていました。船に積まれたものが、腐敗したため棄てられたものでしょう。昭和六十一年三月にも津屋崎の勝浦で、まとまって八個を見つけたことがあります。

果皮が厚いので、丸いままのものが漂着しています。この果皮は染料《せんりょう》にもなり、ジャワ更紗《さらさ》は、マンゴスチンの果皮の汁で染めるそうです。

近年よく店頭に出ていますし、値段も安くなっています。なかには、ビニールテープをはがすとすぐに食べられる、半分に割ったものも売っています。

ドリアン

マンゴスチンは「果物の女王」、マンゴーは「果物の王女」、ドリアンは、「果物の王」と呼ばれます。「悪魔《あくま》の果実」とも呼ばれ、その美味しさにとりつかれると、女房や財産を投げうってでも、買い求めるというところに由来するそうです。

ボルネオ、あるいは西部マレーシアが原産とされます。現在はマレーシア、ミャンマー、スマトラ、ジャワなどで多く栽培され、その他フィリピン、スリランカ、ハワイなどでも栽培されています。果実は人頭大で、重さが一〜三キログラム。大きなものになると、四、五キロにもなります。

表面は、鋭い棘《とげ》状（五角錐状）になっています。

果実には独特な臭気があって、玉ネギが腐った臭《にお》いとか、悪臭に使われる言葉のすべてが集まったように言われていますが、臭気になれると、その美味にとりつかれてしまうのです。果実は五片ほどに分かれ、各片に二〜六個の種子を包む乳白色の肉塊《にっかい》(クリーム状)がついています。

肉質は粘りがあり、生クリームに似て極めて上質で、かすかに澱粉質《でんぷんしつ》を感じ、甘味が強く酸味はなく、上品な香気があります。悪臭は果皮の肉壁から発散するもので、果実に臭気が移っていますが、さほど臭《くさ》いものではありません。

昭和五十一年、福岡市東区海の中道に漂着していました。種子は津屋崎で採集しました。

パパイヤ

パパイヤ（パパイヤ科）は、メキシコ、西インド諸島、ブラジルにわたる熱帯アメリカが原産です。現在は、広く熱帯および亜熱帯にわたって栽培されていますが、日本では、明治二十八（一八九五）年に入り、南九州から南西諸島までの地域で栽培されています。最近は町の果物屋でも普通に見られます。

果実には種類によって長短があり、通常一キロ。大きなものは二〜四キロに及ぶものもあります。果肉はダイダイ色、軟柔多汁《なんじゅうたじゅう》、独特の乳臭《ちちくさ》い香りがします。果実内部は中空《ちゅうくう》で、半透明の外皮《がいひ》に包まれた黒褐色《こっかっしょく》の種子がたくさん入っています。

昭和五十三（一九七八）年三月、津屋崎町の白石浜へ漂着したものは、長さ二八センチあり、まだ完全に腐っていませんでした。中の種子をとり、蒔《ま》いてみると発芽しました。

漂着する果実や種子のなかには、生の果実もあります。マンゴスチンのような果皮が厚

パパイヤの漂着

いものを除いては、表面が革質（うすい皮状）ですから、長距離の漂流には耐えないものです。漂着するものの多くは、玄界沖を航行する船舶《せんぱく》から、海上へ投棄されたものが考えられます。

ホウガンヒルギ

この種子はちょっと見れば、椿《つばき》の種子を大きくしたように見えます。大きさは四、五センチ、最大は一〇センチ前後。砲丸《ほうがん》状で、中に十個前後の種子が組みあわさるように入っています。熟すと裂開《れっかい》して、種子が散り、海岸や川岸の泥の中や、湿地へ落ちて、発芽します。

マングローブ樹種の一種です。マングローブとは「紅樹林《こうじゅりん》」とも書きますが、熱帯や亜熱帯の海岸や河口などの湿地に生育する樹木類の総称です。ココヤシやニッパヤシなどについで、この種子の漂着は多く見られます。ホウガンヒルギは中国や台湾にはありませんから、直接フィリピンあたりから流れて来た可能性があります。

フィリピン・ミンダナオ島の先端、サンボアンガの沖に、大小の島々からなるサンタクルス島があります。島内のマングローブに、実際にこの実がなっているのを見た時は大変感動しました。

ホウガンヒルギの種子　藤本健八撮影

パンギノキ

昭和五十六（一九八一）年一月三日のことです。古賀市の中川河口近くの漂着物が集まるところで、表面はしわ状になって、淡い褐色をした、ちょっと見ると石ころのようなものを二個拾いました。

翌日、海の中道の海岸で、同じものを拾い

ました。採集した種子を、当時、千葉大学名誉教授であった植物学者・渡辺清彦先生に見てもらったところ、パンギノキの種子であることがわかりました。

　パンギノキはイイギリ科で、表面に網状の凹凸があり、堅いものです。果実は卵形で大きく、長さ一五〜三〇センチ。幅八〜一三センチ。

　果皮は赤褐色で、果肉はパルプ質で黄色をしていますが、ネギのような臭気《しゅうき》があり、甘味があると言います。

　これを水にさらして除毒《じょどく》すると食用になり、特に太平洋諸島では好まれます。

　さらに、果実よりも種子のほうが食用として重要らしく、これもいろいろな方法で除毒して食用にします。種子を砕《くだ》いて一日水洗いしてから、煮て食するか、あるいは、地中に蓄《たくわ》えておき、種子を取り出し、灰で煮てから、少しずつ発酵《はっこう》させると美味となり、これで調味料をつくったりもします。

　種子だけでなく、葉や樹皮にも毒を含み、潰して川に流すと、魚が浮きあがり、獲ることができるそうです。また、駆虫薬《くちゅうやく》にも使用されます。

　また、堅い殻の中身を取り除き、乾かした数個を結びつけて振ると、殻どうしが当たって、乾いた音がします。パプアニューギニアでは、これを数個ビニールで結びつけて、子どもの玩具《がんぐ》に使っているのを見ました。福岡県の郷土玩具の「英彦山《ひこさん》ガラガラ」とよく似た音が出ます。

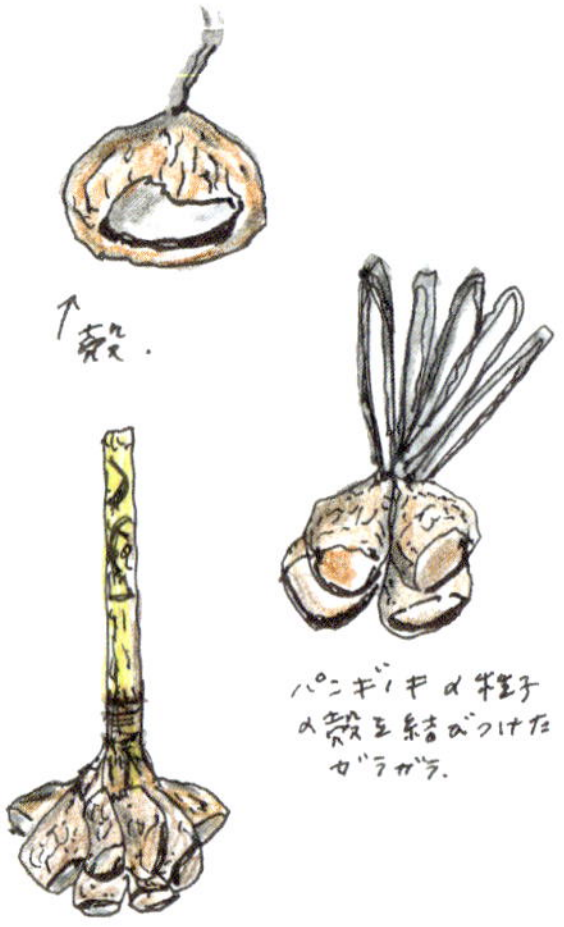
殻.
パンギノキの種子の殻を結びつけたガラガラ.
パンギノキの殻でつくった玩具

タイヘイヨウクルミ

「クルミ」と名がついていますが、これはエンドウ科ですから豆です。

　福津市の勝浦浜で、昭和五十四（一九七九）年一月に漂着したものは、長径七・八センチ、短径五・六センチ、厚さ二・三センチの大きな種子でした。やや平べったく、側面が皺《しわ》状になって、茶褐色をしていました。

　これも太平洋の島々では、サゴヤシ、キャッサバとともに毒性を除いて、重要な食料となっています。キャッサバについては木や枝が漂着します。

ナツメグ

私が見つけたのは、昭和五十五年二月に、海の中道に漂着していたもので、黒褐色をして、表面が縦状にシワになって、長さ五センチ、幅一センチほどの細長い種子です。

そのころ、私の手元に何の種子かわからないものが数個あり、渡辺清彦先生に同定をお願いしたところ、ナガミノニクズクと判明しました。ニクズクは「肉荳蔲」と書き、この科は約八十種ほどあり、ナガミノニクズクもそのうちの一つです。

ニクズク科を代表するニクズクは、香辛《こうしん》料《りょう》の歴史の中で、もっとも名高いものです。この木は高さ約一〇〜一五メートルの常緑喬木《きょうぼく》で、『香辛料《こうしんりょう》の世界史』では、この実のことを、こう説明しています。

> 長さ約五センチの球形あるいは洋梨《ようなし》形で、淡黄色《たんこうしょく》をした多肉質の漿果《しょうか》が実り、果肉は火を通せば食べられる。木からぶらさがった様子がちょうどアンズを思わせる。その実は、成熟すると、二つに烈開し、中から茶色っぽく木質で非常に堅い、卵形の種子が一つ見えてくる。果実から取り出した種子は、一種の種皮（仮種皮）で部分的に包まれている。肉質で深い切り込みのある、つやつやした赤橙色のその種皮だけ別に集めて乾燥させたのが、メースの名で取引きされているものである。（中略）快く芳ばしい香りは、ニクズクによく似ていて、ピリッとした辛味《からみ》とやや苦味もある。（中略）ニクズクの野生地は、モルッカ諸島南部のバンダ海に洗われる島々、すなわちセラム島、アンボン島、ブルー島、ジロロ（ハルマヘラ）島と近隣の小さな島々である。

十六〜十七世紀のヨーロッパでは、この香辛料が高い価格で取り引きされたため、これを求めて激しい争いをしてきたのです。

ゴバンノアシ

サガリバナ科で、常緑喬木。高さ一一〜一五メートルとなります。最初に漂着した果実を手にした時は、「どこかで見たことがあるが、はて何だったか?」和名でゴバンノアシという名であることを知り、「そうか。碁《ご》盤《ばん》の足《あし》か」と納得。本当によく似ています。

果実は四《し》稜《りょう》体（四角形）が多く、大きさは七～一二センチ。もっと大きなものもあるようです。細かな繊維に包まれています。中央に大きな種子が一個入っています。種子は毒性分を含んでいます。

フィリピンのある漁村で、干された漁具を見ていたら、ゴバンノアシを半分にして、中の種子を出したものが、網の浮子《うき》として使われていました。ちなみに、重《おも》り（沈子）は、にぎりこぶし大のサンゴの塊に穴を開けたものが結ばれていました。

本物の碁盤の足（左）とゴバンノアシ（右）

ハマユウ

夏の海辺に咲くハマユウは、私の好きな植物の一つです。冬は寒さに葉がしなだれて元気がありませんが、やがて春になると、若葉が芽吹いて、生き生きしてきます。

「浜木綿」と書いてハマユウと読みます。ヒガンバナ科の多年草で、大きなものは一メートル以上になるものもあります。葉は大きく多肉質で、つやがあり、花が木綿《ゆう》のごとく、白く下垂《かすい》するため、その名があります。また、オモト（スズラン亜科の常緑多年草）に似ているところから、「ハマオモト」とも呼びます。これが正式の名です。

七、八月ごろに花をつけますが、清楚《せいそ》な感じがします。花が咲き終わると、茎《くき》は倒れて先端についていた種子（円形ないし楕円形、スポンジ状になっている）は、こぼれ落ちて波に運ばれ漂流、各地の浜辺に漂着して発芽します。

冬の期間、漂着物の集まるところには、必ず一、二個の種子を見ます。注意して周囲を見まわすと自生しているのを見受けます。

海水浴場のハマユウは植えられたものが大部分ですが、かつては玄界沿岸に、ごく自然に自生していたものでした。

島には、そんな自生地がまだ多く残っています。福岡県宗像市にある無人島の勝島《かつしま》や、同県糸島市姫島《ひめしま》、福岡市の玄界島にも自生しています。玄界沿岸では、遠賀郡芦屋の夏井《なつい》浜《はま》に二カ所、自生群落地に五百本ほどあり、県の天然記念物に指定されています。

この種子は海流に乗って運ばれるため「黒潮の子」とも言うべきで、太平洋側にも多いものです。宮崎県の県花でもあり、和歌山県の熊野には、万葉歌人として知られる柿本《かきのもとの》人麻呂《ひとまろ》の詠んだ歌があります。

み熊野《くまぬ》の浦の浜木綿《はまゆう》百重《ももえ》なす
　心は思へど直《ただ》に逢はぬかも
（『万葉集』巻四・四九六）

大意は次のようになります。

み熊野の浦の浜木綿は葉が幾重にも重なり合っているが、そのように幾重にも心では思っていても、直接逢う機会がないことである。
（日本古典文学大系『万葉集』）

はまゆう（ハマオモト）

いろいろ流れ着く

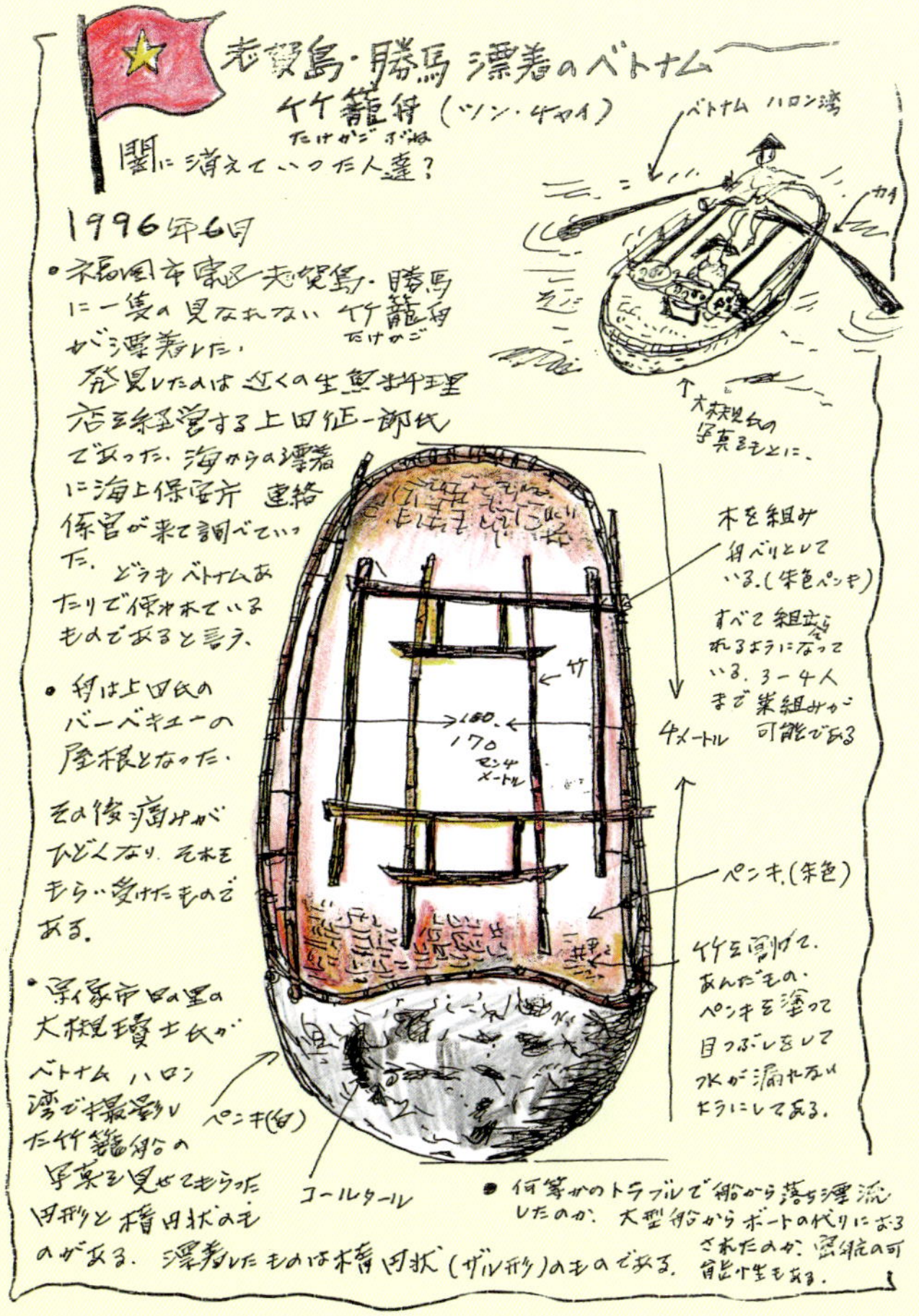

志賀島・勝馬 漂着のベトナム
竹籠舟（ツン・チャイ）
闇に消えていった人達？
1996年6月
・福岡市東区志賀島・勝馬に一隻の見なれない竹籠舟が漂着した。
発見したのは近くの生魚料理店を経営する上田征一郎氏であった。海からの漂着に海上保安庁 連絡 係官が来て調べていった。どうもベトナムあたりで使われているものであると言う。
・舟は上田氏のバーベキューの屋根となった。
その後痛みがひどくなり、それをもらい受けたものである。
・宗像市日の里の大槻環士氏がベトナム ハロン湾で撮影した竹籠船の写真を見せてもらった
円形と楕円状のものがある。漂着したものは楕円状（ザル形）のものである。
ベトナム ハロン湾
大槻氏の写真をもとに。
木を組み舟べりとしている。（朱色ペンキ）
すべて組立られるようになっている。3−4人まで乗組みが可能である
竹
150〜170センチメートル
4メートル
ペンキ（朱色）
竹を割いてあんだもの。ペンキを塗って目つぶしをして水が漏れないようにしてある。
ペンキ（白）
コールタール
・何等かのトラブルで船から落ち漂流したのか。大型船からボートの代りに放出されたのか。密航の可能性もある。

生きもの

生きものの漂着は、昔から人々の心をひきつけました。献上品になったアオイガイの貝殻、恐ろしい姿のサメ、神の使いとされたセグロウミヘビ、様々なものが流れ着きます。

アオイガイ

アオイガイは「カイダコ」とも言い、タコのメスが殻をつくります。「葵貝《あおいがい》」と書き、殻が葵の葉に似ているところから、その名があります。地方によっては「コヤスノガイ」や「オトヒメガイ」とも呼ばれます。

同じ殻をつくる仲間にはタコブネ、チヂミタコブネがあります。

分布は世界の温暖海です。タコが殻をつくるのが面白いですね。殻の中に卵を産んで孵《ふ》化《か》するまで育てます。殻はプラスチックのようで、破れたり、穴があけば、自ら丁寧《ていねい》に修理をします。貝殻をつくるのは雌《めす》で、左右第一腕に袋状のものがついていて、そこから石灰質を分泌して殻をつくるのです。

玄界沿岸では、漂着したものを縁起物として、玄関口に吊り下げたり、貝殻に水や湯を入れて妊婦《にんぷ》に飲ませると「安産《あんざん》」になると言われています。

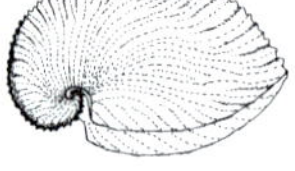

東京都府中市にある大國魂《おおくにたま》神社には、江戸時代の寛文《かんぶん》十三（一六七三）年、幕閣《ばっかく》であった久世《くぜ》廣之《ひろゆき》が献じた、珍品《ちんぴん》、稀品《きひん》七品（ビイドロの鏡やカスアリ鳥の卵殻《らんかく》など）とともに、伊豆国下田浦に漂着したアオイガイが今も残っています。

冬の玄界沿岸で漂着が多く、日本海側の海岸に漂着が多く見られます。

平成四年から五年にかけての冬には、大型で二〇センチ位のものが目立ちました。温暖化でしょうか、近年は北海道までアオイガイの漂着が報告されています。

アオイガイの殻とタコ　撮影：藤本健八

イカの甲《こう》

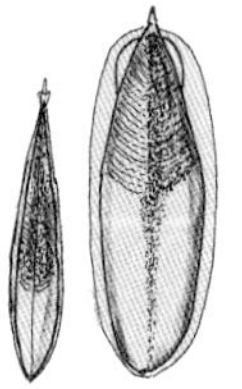

海岸を歩くと、どこの浜にも白っぽい舟状の物が流れ寄っています。

イカの甲《こう》です。イカには「甲」、「フネ」と呼ばれるものがあります。これには二種あって、コウイカやシシイカのような石灰質のものと、スルメイカやミズイカのような半透明の薄い軟甲《なんこう》（ペン）があります。よく目につくのは石灰質の甲ですが、海藻の中や波打ち際のゴミが寄っているところを注意して見ると、一見するとビニールのような軟甲も目につきます。

石灰質の大きな甲には、コブシメ（コウイカ科の最大種で、沖縄では「クブシミ」と呼んでいます。奄美以南に生息）のものがあり、幅一〇センチ、長さ四〇センチで、奄美以南から漂流して来ます。

イカの甲が網にたくさんかかると、不気味で、引き上げた漁師が「イカの墓場」ではないかと青くなったという話もあります。

甲の形もいろいろあり、熱帯の海にいるトグロコウイカの甲は、巻いた円筒形《えんとうけい》をしており、わずか二センチと小さいものです。イカ自体も体長四、五センチほどの大きさです。オウムガイに似た古いタイプのイカですが、まれに千葉・和歌山・沖縄の与那国島でもその甲が漂着しています。

イルカ

漂着するイルカには、マイルカ、ハンドウイルカ、カマイルカ、マゴンドウなどがあります。

イルカは漂着すると腐敗《ふはい》したりして、表面がはげ、文様などがわからなくなるため、頭部や口の格好によって調べますが、名前をつきとめることがなかなか難しいものです。

昭和二十一（一九四六）年には、イルカの仲間のシャチが津屋崎浜で見つかり、頭部を切って砂に埋め、完全に白骨にしたものが近くの民家に保存されています。ずらりと並んだ鋭い歯は「キラーホエール」と呼ばれるのにぴったりです。イルカの歯は、歯と歯の間に肉がつき、腐敗するとはずれやすいので注意しないと、ばらりと抜け落ちてしまいます。

イルカは完全な姿のものが漂着し、砂に埋もれて、二、三年後に完全な骨格の標本になったものが見つかることがあります。また、漂着物の中を注意して見ると、骨の一部分が混じっているのが結構多く見つかります。

スナメリは、クジラ類では最小と言われます。「ナメノウオ」、「ナメウオ」、「ナメリ」、「スナメリクジラ」、「スナメリイルカ」と呼ばれます。体長は一・八メートルほどになると言いますが、普通は一・二〜一・五メートルほどです。

このスナメリは、頭が丸く背鰭《せびれ》がありません。嘴《くちばし》はなく、胸鰭は比較的大きく、三角形で先が尖っています。色は、アイネズミ、スレートグレー色から紺灰色をしています。本当に可愛い生きものです。

ゴンドウイルカの漂着

ウミガメ

海岸を歩くとウミガメの死骸や骨などが漂着しています。骨はバラバラになっていますが、他の動物の骨とは見分けがつきます。

玄界沿岸に産卵のために上陸します。福岡県福津市役所には、ウミガメの調査・保護を目的として、ウミガメ課が設けられています。福岡市東区にある水族館のマリンワールドに連絡すると死骸を引き取ってくれ、ウミガメの種類もわかります。

一九八九〜九九年の間だけでも、約五十頭のウミガメが漂着しています。種類はアカウミガメ・アオウミガメ・オサガメ・タイマイ・ヒメウミガメがあります。その中でもヒメウミガメの数は少ないです。

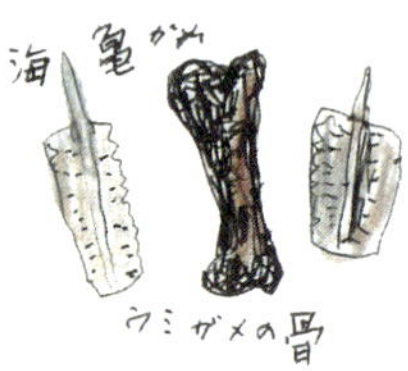

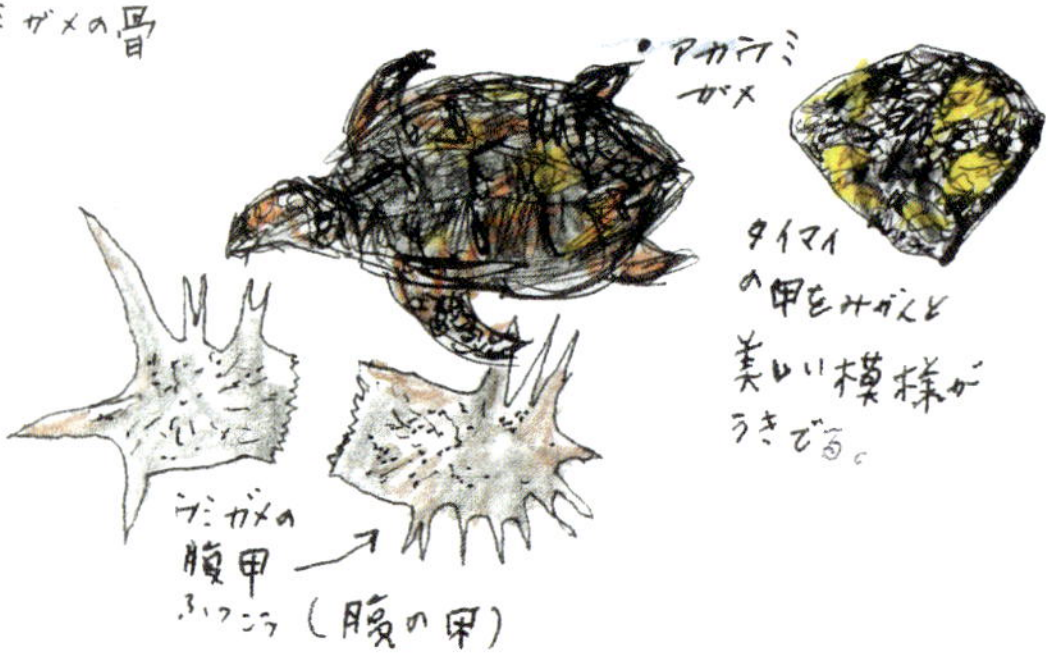

ウミガメの身体は、甲羅を背甲と腹甲に分けられ、背中側の甲羅が背甲で、腹側を腹甲と呼びます。中国の殷《いん》時代では、陸亀の腹甲を利用して亀卜《きぼく》（亀の腹甲や獣の骨を火にあぶり、その裂け目によって、軍事、祭祀、狩猟などの国家の大事を占う）が行われていました。その腹甲に刻された文字が、甲骨文字と言われ、漢字のもとになったのです。

オウムガイ

一科一属三種に分類されます。オウムガイ、オオベソオウムガイ、ヒロベソオウムガイなどです。

生息地は、東南アジアから太平洋の海域で、水深五〇〇メートルほどのところと言われています。日本各地の海岸に漂着するオウムガイは、フィリピン、ニューヘブリデイス、オーストラリアのサンゴ礁にいます。

殻の内部は三十～三十五の隔壁《かくへき》で仕切られ、連室細管《れんしつさいかん》（細い体管）でガスや液体を調節して、浮いたり沈んだりします。

漂着したオウムガイ

オウムガイが死ぬと、殻は浮き、世界中の海を漂います。この状況を「死浮遊性《しふゆうせい》」と呼びます。ちなみに、オウムガイは「ノーチラス」と呼ばれ、ラテン語で水夫や船乗りを意味します。アメリカの原子力潜水艦の第一号はノーチラス号、皆さんもご存じかもしれませんが、ジュール・ベルヌの『海底二万マイル』の主人公、ネモ船長の潜水艇の名もノーチラス号ですね。

この仲間は、中生代に栄えたアンモナイトです。「生きている化石」と呼ばれています。

オウムガイは最近まで、その生態がナゾに包まれていましたが、水族館で飼育されるようになり、少しずつ解明されています。日本では、三重県の鳥羽水族館、福岡県の海の中道にあるマリンワールドで飼育されています。

私は四個、玄界沿岸で殻を拾いました。そのうちの一個には表面に石灰分、海藻、貝殻が付着していました。

平成二十三（二〇一一）年十二月に、福岡市の海の中道で大上隆氏が一個拾っています。近年、各地で漂着が報告されています。

生きたオウムガイが昭和五十三（一九七八）年四月に、鹿児島県指宿《いぶすき》郡（現・南九州市）開聞《かいもん》町川尻《かわじり》の海岸から沖合五〇〇メートルの定置網にかかりました。これは、鹿児島市内の鴨池《かもいけ》マリンパーク（閉館）で二カ月間生存しました。漂着したオウムガイが飼育されたのは、世界で初めてのケースで、「川尻標本《かわじりひょうほん》」として知られています。

拾った！！拾った！！

オキナエビスガイ

オキナエビスガイという貝をご存じでしょうか。

「チョウジャガイ」とも呼ばれるこの貝について、次のようなエピソードを本で読んだことがあります。

明治の初め、大英博物館の依頼を受けた東京大学が青木熊吉氏にその採集を頼んだのだそうです。青木氏は、見事に採集に成功し、ほうびに、当時としては大金だった四十円をもらい「まるでチョウジャのようだ」と言った。それから、「チョウジャガイ」と呼ばれるようになったといいます。

偶然、青木氏は採集できましたが、そう数は多くありません。

この貝も「生きている化石」と呼ばれているものです。日本から台湾あたりに分布し、この種のテラマチオキナエビスガイは、自動車一台分の料金で取り引きされたという伝説的な貝であり、貝コレクターの垂涎《すいぜん》の的《まと》（あるものを非常に強く欲しがること）です。

オキナエビスガイは、かなり深い海底に棲《す》んでいますが、この貝殻が漂着するのです。

平成元（一九八九）年、当時、長崎県五島列島富江《とみえ》島の高校に勤務していた池崎善博先生は、ここの打折《うちおり》海岸で、オキナエビスガイの殻を拾いました。私も先生を訪ねて、見せてもらったことがあります。

かなり深いところに住んでいますが、海底にあるサンゴをとる時に、引き上げられるのでしょうか。

クジラ

今も昔もクジラが漂着します。

腐敗していない場合は、解体されて食用にされることもあります。戦前のことですが、興行師が漂着したクジラの周りに幕を張り、見物料を取って見せたこともありました。死骸とは言え、滅多にその巨体を見ることがないので、珍しかったのです。

玄界沿岸は、むかし、クジラが多くいたようで、江戸時代には、西海捕鯨《さいかいほげい》としてにぎわいました。特に、佐賀県の小川島は捕鯨の中心で、コククジラ、シロナガスクジラ、ナガスクジラ、ザトウクジラ、セミクジラなどが捕獲されています。

玄界沿岸では、注意して漂着物を見ると、中に鯨骨《げいこつ》が混じっていることがあります。破損して、どの部分かわからないものが大部分ですが、遠賀郡岡垣浜に漂着したものは、後頭部と椎骨《ついこつ》の部分で、重さ六〇キロ、長さ九四センチの大きなものでした。

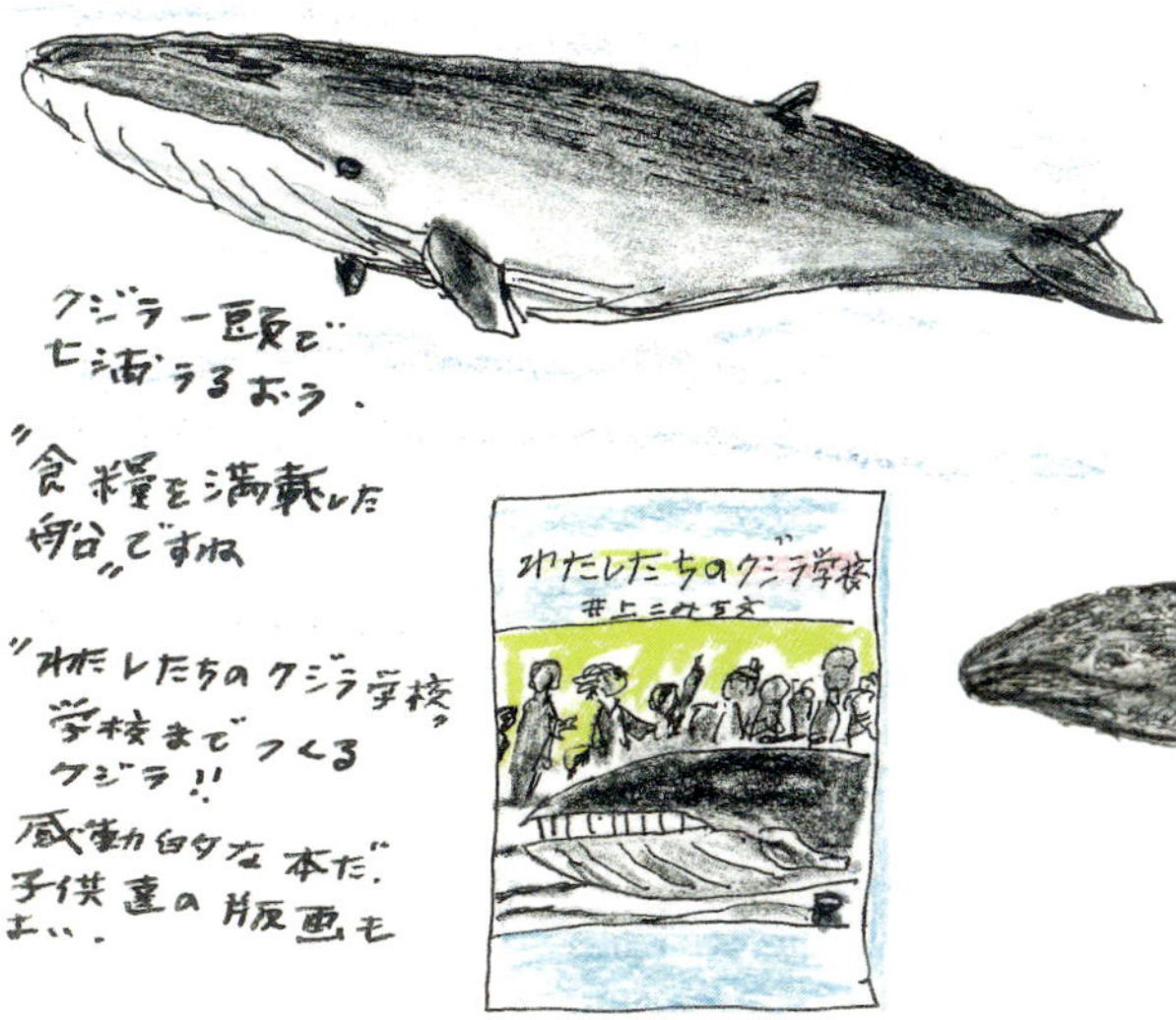

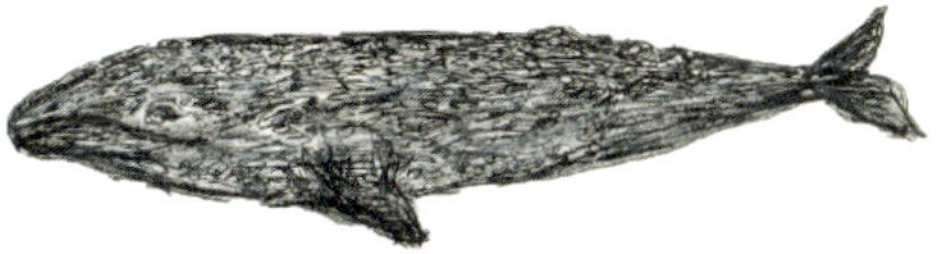

コククジラ

サメ

サメは、世界中の海に約三五〇種、日本近海には約一〇〇種ほどいるといいます。映画『ジョーズ』は恐ろしいサメの映画でしたが、平成四（一九九二）年、瀬戸内海で潜水夫が襲われた事故は、人々にサメの脅威をまざまざと見せつけました。

関西ではフカ、関東ではサメ、出雲地方ではワニと呼んでいます。
　さて、昭和五十三（一九七八）年二月、玄界沿岸にウバザメが漂着しました。別名「バカザメ」、「ネムリザメ」などと呼ばれるおとなしいサメです。成長すると一〇～一五メートルほどになるそうです。

シュモクザメ

シュモクザメは、鹿児島県吹上浜《ふきあげはま》や沖縄県石垣島などで漂着死骸を見ました。シュモクザメは「撞木《しゅもく》」と書きます。これは、鐘《かね》を打ち鳴らすT字形の棒の意味ですが、英語では「ハンマーヘッド・シャーク」と言います。頭の部分がT字形に突出して、眼はこの突起の端にあり、撞木に似ているのです。なんとも不気味な姿のサメです。平成十三（二〇〇一）年の夏には玄界沿岸にあらわれ、水泳が禁止されたりしました。

アオザメは、五島列島福江島で頭部を出して、砂に埋もれた状態で漂着していました。開いた口には、ずらりと鋭い歯が並び、人喰いザメという強烈な印象を受けました。

まるでジョーズのようなアオザメ（長崎県福江島）

セグロウミヘビ

日本近海に棲《す》むウミヘビは四種。その一つに、セグロウミヘビがいます。爬《は》虫《ちゅう》類ヘビ目、溝《こう》牙《が》蛇《だ》科、分布は、インド洋から太平洋の温暖海です。南北日本列島の海域から採捕《さいほ》されたり、漂着したりします。

タコ

日本近海のタコは約五〇種、世界中では二〇〇種いると言います。アオイガイのように殻をつくるものもいます。

夏の終わりから、冬の初めにかけて、多く漂着するものにムラサキダコがあります。

ムラサキダコは雌雄で形や大きさが違い、雄の全長は約三センチですが、雌は腕を含めて全長が五〇センチと大きいものです。腕の長さは不同です。色は褐紫《かっし》色をして、何とも言えない気味の悪い色をしています。

このタコを、「クチナワダコ」（クチナワは蛇の意味）とか「ユウレイダコ」と呼ぶところがあります。泳いでいるところをすくいあげると、体を覆っている膜状のものが、抜け

ダコツボ

ミィ――ヨ
ヘビ蛇《じゃ》
・神光照海《あやしきひかりうみをてらす》
陸ヘビ、海ヘビ たくさんいるが
八百万《やおろず》の神様を案内するヘビは、私、セグロウミヘビだけよ
海こがす 噴火のあかり頼りつつ わだつみの使者 海蛇はより来
谷川健一
対馬暖流にのって南方からやってくるウミヘビは、セグロウミヘビ、クロガシラウミヘビ、マダラウミヘビ、エラブウミヘビの四種がいます。その中でセグロウミヘビが一番多く、冬季の北西季節風が吹く頃、漂着します。展示しているものは、古賀市中川と、宗像郡津屋崎町宮司浜に漂着したものです。
セグロウミヘビの特徴
1. 美麗第一
背部が深黒色にしてあい色をおび腹部は、だいだい色あるいは黄金色にして光沢があり、すこぶるキレイである。
ニシキウミヘビ
ホルマリン液
1972年 古賀市中川漂着
宗像・宮司浜
2. 尾部の派手な斑紋
尾は舟のカイの如く、偏平《へんぺい》幅広で、みごとな三角文・波文がある。
3. 蛇腹退化《じゃばらたいか》
陸蛇では腹があるがすべて退化している。
4. 遊泳敏速 すばやく泳ぐ
5. 卵生《らんせい》にして胎生《たいせい》
いわゆる卵胎生で、卵が母体内でふ化して子がうまれる。
出雲日御碕神社の小絵馬
出雲佐太神社のオフダ
出雲佐太
参考・出雲の竜蛇、上田常一、1972

落ちてゾッとします。その様子から、長崎県あたりではこのタコを、「タコがヘビになる」とか、「ヘビがタコになる」と言います。

　昭和五十二（一九七七）年九月二日、古賀市花見から福岡間花見の約一・五キロの間で、漂着したムラサキダコは七十六匹を数えました。このタコは大量漂着をすることがあります。

　別の種類のタコも漂着します。春ごろ、海が荒れた日に、貝殻が漂着しますが、巻貝や二枚貝の中に、一〇センチほどのイイダコが入っていることがあります。

ムラサキダコ

ハリセンボン

フグ科に属します。体いっぱいに針をつけて、見るからに刺されそうな感じを受けます。全長は種類によって一五～七〇センチほどになります。玄界沿岸に、冬に多く漂着します。

　このハリセンボンは、「台湾沖八重山付近で生まれたものが海流に乗って北上し、対馬海流に乗ったものは日本海へ入ります。そのころ、冬で「北西季節風」が吹きはじめ、日本海の表層に南ないし南西に向かう優勢な海流（吹送流《すいそうりゅう》）を引き起こし、沖合を遊泳していたハリセンボン群は南下し、冷たい風にあおられて浜へ漂着」（西村三郎『地球と海の生命』）するそうです。

　玄界沿岸に漂着するものは小さな、一〇～一三センチのものが多く目につきます。

　なお、西村先生によれば、対馬海流に乗ってきたものは、多くは寒冷のため死に、このような状態を「死滅回遊」と言うのだそうです。

　昭和五十九年から昭和六十年に漂着が多く見られましたが、暖冬の近年は、少ないようです。

ハリセンボンの漂着

フジツボ、エボシガイ

エボシガイとともに浮遊物《ふゆうぶつ》や漂流物に付着するものにフジツボがあります。

フジツボにはアカフジツボやオオアカフジツボがあり、流木や浮子《うき》やガラス玉、プラスチック製品に、びっしりと付着して漂着します。

漂着したウミガメの甲羅を見ると、大小のフジツボが付着しています。これはカメフジツボで、平たく円形で、透かしの星状になっています。直径六、七センチと大きく重厚《じゅうこう》です。近縁種《きんえんしゅ》には、セイウチ、カブトガニ、ガザミ（ワタリガニ）に付くものもあります。

エボシガイも浮遊物や流木《りゅうぼく》や軽石、ビン類に付着します。エボシガイには、カルエボシ、ルリエボシ類があります。

エボシガイは三角形状の白い石灰質の板状の殻と長い柄を持ち、流木や浮遊物にくっついて群生《ぐんせい》します。カルエボシは全長二、三センチ。軽石に付着していることが多いものです。ルリエボシは極めて小型で、頭状部の長さは一ミリから一・五ミリ、柄部《へいぶ》は短いものです。海上に浮遊する軽い物体、たとえば、コルク、海藻、羽、アサガオガイ、ルリガイなどにも付着します。

貼りついて、蝟集《いしゅう》して、増殖する——海のくっつきむし

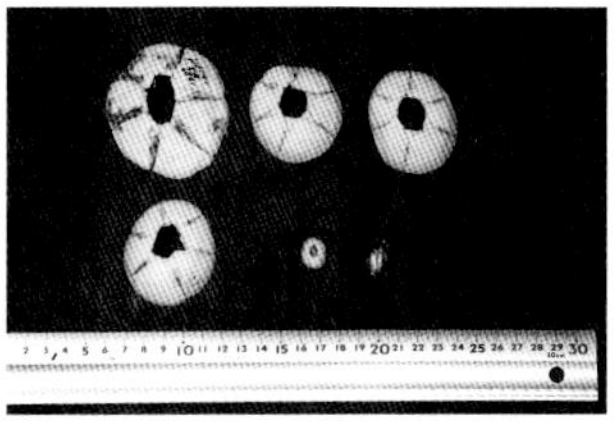
カメフジツボ

ビンに付着したエボシガイ

カメフジツボ
冬の荒れた日に
アカウミガメや
アオウミガメの死骸
が漂着している

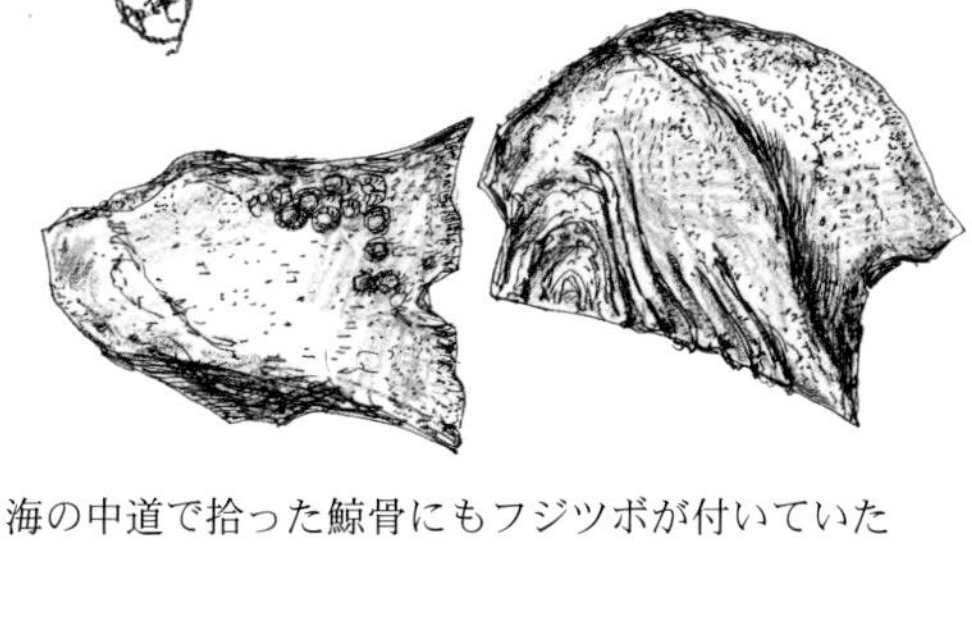
海の中道で拾った鯨骨にもフジツボが付いていた

マンモス

平成元（一九八九）年ですから少し前のことになりますが、宗像市の宗像ユリックスで、「海の漂着物展」を開きました。玄界沿岸の漂着物を中心に、日本各地の漂着物を展示したものです。開催にあたって、特別展示として、日本海の山陰沖で引き上げられたマンモスの臼歯《きゅうし》（奥歯）を、鳥取県立博物館から借りてきました。

これは直接、海岸に漂着したものではありませんが、今後、化石骨も漂着する可能性があると思ったからです。実際に漂着していると思うのですが、石と見間違えているということも考えられます。

日本列島が一万数千年以前、大陸と陸続きであった時代に、大型獣がぞくぞくと移り棲んで来たことは、各地で発掘される化石から証明することができます。

北海道・忠類《チュウルイ》のナウマン象の全身骨格、長野県・野尻湖《のじりこ》のナウマン象やオオツノジカなどがそれで、岩手県花泉遺跡や、特に野尻湖のものは、骨に加工痕があり、人と関わりがあったことが推測されます。

また、礫石《れきせき》海岸や砂丘海岸でも化石を包含している層があり、自然による浸食のため崩落した化石類が、波に洗い流されて発見されることもあります。

幻の明石《あかし》原人の発見者として知られる直良《なおら》信夫《のぶお》の『日本旧石器人の探求』を読むと、明石原人の腰骨《ようこつ》を出した兵庫県明石・西八木《にしやぎ》の海岸は、旧象をはじめとする化石が多く出土し、かなりの量が地元の人たちによって採集されています。大阪市立自然史博物館では、

明石の海岸の砂丘で高校生が掘り出した、アカシゾウのほぼ完全な骨格が展示されています。

　さて、山陰沖で採集されたマンモスの臼歯ですが、これは日本海で操業中の漁船の網にかかったものです。これをマンモスと同定したのは、信州大学の亀井節夫先生です。

　マンモスの場合、本州での発見例はなく、わずかに北海道襟裳《えりも》岬と夕張《ゆうばり》の二例に過ぎませんでした。

　北海道開拓記念館の「第六十五回特別展」（二〇〇九年）の冊子には、「北海道では七地点から十二個のマンモスゾウの化石が産出しています。化石は全て臼歯です。年代は四万五〇〇〇年前から三万九〇〇〇年ごろと、二万五〇〇〇年前から一万九〇〇〇年ごろの二つの時期に生息していたことが明らかになっています」と書かれていました。当時、津軽海峡は、今と同じようにマンモスが通ることのできない海峡となっていたと言われています。

　今後、論議を呼ぶでしょうか。海底からですが、本州側でマンモスの臼歯が発見されたことは、本州側の陸地でも発見される可能性があるでしょう。日本というところは、何でも見つかるところです。それだけに、多くの分野の研究者がいることでしょう。

　さて、私は前にも述べたように、少年時代に化石に興味を持ち、今でも関心があります。マンモスや恐竜、アンモナイトという言葉を聞くだけでも、身震いするような興奮を覚えます。

　先日、福岡市のある書店で、化石の即売展があっていました。そこには恐竜あり、マンモスの臼歯ありで、とうとう五回も足を運び、それらを撫でまわしてきました。そして、いくつかの標本を、とぼしい小遣いから買ってきました。小遣いで買えるほどの、ささやかなカケラみたいなものでしたが、少年時代からの夢がかなった喜びには、大きなものがありました。

　毎日、勤めから帰ると、漂着物を入れた部屋でそれをながめ、一回は撫でたりしていました。

　直良信夫はこんなことを書いています。

「採集した一つの化石を一見しただけで遠い過去のある光景が目に浮かぶように想像できる」

　古生物に精通した先生ならではの言葉だと思いました。

もの

海辺には意外なものも流れ着きます。人の手によってつくられたもの、火山の噴火によって噴出した軽石、なかには生態系に悪影響をあたえるものもあります。

プラスチックとビニール

漂着物の大部分はゴミです。そして、プラスチックとビニールの化学製品が主役です。これらは化学的に、しかも、機械によって大量に生産されるものですから、手づくりのように一つ一つを丁寧《ていねい》に作られたものではありません。それだけに、不用になると、いとも簡単に捨てられてしまいます。修理してまで大事に使うということは、まず、ありません。

プラスチックやビニール類が登場する前のゴミは、素材が天然のものであり、それは自然に溶けていき、最後は土に還るものでした。

しかし、ビニールやプラスチックは自然に戻ることはなく、長く海中を漂ったり、砂地に残留《ざんりゅう》します。そして、それらの残存物《ざんぞんぶつ》は、生態系を崩していくことにもなります。

玄界沿岸には海ガメが多く漂着します。世界の海には、オサガメ、ヒメウミガメ、タイマイ、アカウミガメ、アオウミガメ、ヒラタウミガメなどのウミガメがいます。そのどれもが死骸となって漂着するのです。

オサガメを例をとってみましょう。

オサガメは、普通のカメのように亀甲《きっこう》ではなく、甲羅には縦に七本、腹甲にも五本の帯状の凸帯がついた、「レザータートル」とも呼ばれる革《かわ》状《じょう》のカメです。分布は世界中の熱帯の海にいて、日本に一番近い産卵地は、マレーシア東海岸にあります。私のフィールドノートの昭和四十四年から昭和六十一年（一九六九～一九八六）までの記録でも、二十一例が漂着しているのです。

オサガメ

最初に、このカメの漂着を見つけた時のことを、今でも鮮やかに覚えています。

ウミガメの知識は全くなかったので、甲羅の筋状の突起を見て、てっきりボートがひっくりかえって砂に埋もれていると思いました。しかし、少し妙な臭いがします。思い切って、物体の端に手を入れて、ひっくりかえしてみました。すると、やわらかく、ものすごい臭《しゅう》気《き》がして、生きものであることを知ったのです。それから、知人が本で調べてわかりました。オサガメでした。

このオサガメの好物はサルパ（サルパ目のサルパ亜目。尾索《びさく》類の総称。海の表層を浮遊。体は透明で樽状、長さ数センチ）やクラゲです。クラゲは海にふわふわと漂っている様子や色がビニールと似ており、カメはクラゲと思って食べるのです。

このカメの漂着死骸が多いということで、解剖したところ、胃や食道にびっしりとビニールが詰まっているものが多くありました。

ビニールやプラスチック類の影響は、オサガメに一つ例をとってみても、このようなひどいものです。

たくさんのゴミが流れ着く

浮《う》子《き》

浮子は「網端《あば》」とも書きます。網の上部につけるもので、沈子《ちんし》（重り）と対をなすものです。これで魚を獲るのです。

材料は、軽い樹皮のコルク、キリ、タケ、マツ、スギなどの木材が主でしたが、最近は、ガラス球、鉄球、金球、ゴム球、さらにプラスチック製の塩化ビニール、ポリスチロール、ポリエチレン、合成ゴムなどが主流です。また、浮子の型は、平型、くし型、円筒型、球型などがあります。

海岸を歩くと漁具の漂着を多く目にしますが、一番多く目につくのが、これらの浮子類です。以前は木製やキリ製（まれに軽石製）が多くありましたが、プラスチック製品の普及で少なくなりました。なかには、コルク状の木の皮もあります。北陸あたりで見るものに、シラカバの皮（皮を剥ぐと巻きあがる）を利用した浮子もありますが、北朝鮮、ロシアあたりのものではないかと思われます。

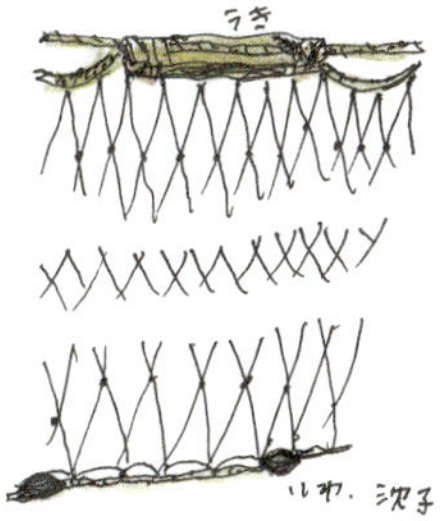

浮子《うき》と沈子《ちんし》（おもり）

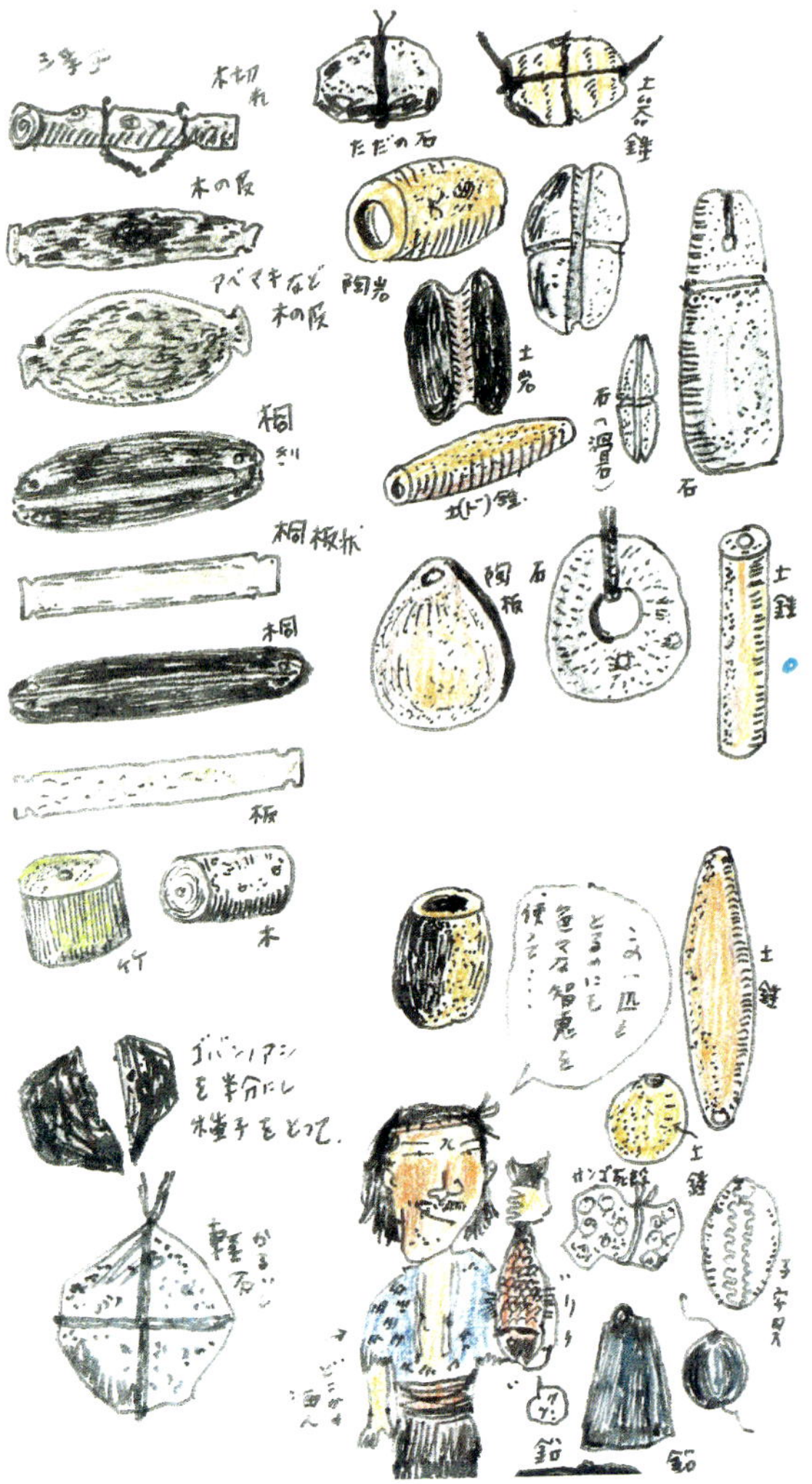

日本製の浮子以外に、韓国、中華人民共和国製のプラスチック製のものも多く目につきます。韓国製のものは球型や平型のものが多く、表面のハングル文字でわかります。中国製のものは、オレンジ色や青色や灰色で、一二センチから一四センチの小型のものが多く、「福建省《ふっけん》」、「浙江省《せっこう》」と記されたものが大部分です。「福建」が簡体字（従来の漢字を簡略化した字体）になっているものもあります。中国製の浮子には、表面に「大漁」とペンキで書いたものもありました。たくさん獲れてほしいという願いがこめられています。

愛知県の林重雄さんは、漂着する浮子を調べて「ウキウキ事典」を書き、さらに「ウキウキ通信」を出しています。

アカクミ・アカトリ

船に溜《た》まった「海水《アカ》」を汲みとるために使われる器をいいます。また、アカを汲む他に、小魚をトロ箱に移したり、エサをすくうのにも使われます。

私が海岸歩きをはじめたころに見つけたアカクミは、破損《はそん》していましたが、一本の木を刳《く》り抜いて造られたものでした。アカクミは、板を組み合わせたチリトリ風のものに変化し、

今はそれが普通に見られるようになりました。

昭和四十五（一九七〇）年代後半ごろから、プラスチック製の丸型浮子を半分に割り、それに棒を渡して、ひもや針金で固定したものが漂着しはじめました。

また、熱を加えてプラスチックを変形させ、板を組み合わせて作ったものもありました。加工された漁業用丸浮子には、文字が刻されていますから、どこの国のものであるかわかります。ハングル文字が陽刻されていれば、韓国のものです。浮子を再加工してアカクミとして転用、物がどのように再利用されるかを知るためにも、興味深いものがあります。

水すくい、アカクミ

軽石《かるいし》、浮石《うきいし》

火山の噴出物に「軽石」があります。

平成二（一九九〇）年に二〇〇年ぶりに噴火して、火砕流で多くの犠牲者を出した長崎県雲仙・普賢岳《ふげんだけ》（標高一四八六メートル）、平成二十二年の宮崎県霧島・新燃岳《しんもえだけ》（標高一四二一メートル）の爆発は「火山」の恐ろしさを見せつけました。

太平洋を囲むように環太平洋火山帯があるため、太平洋をとりまく島々は、どこでも噴火する可能性はあると言えます。

浜を歩くと、「火山噴火」の証拠が漂着しています。軽石です。白っぽいものや、灰色のもの、真っ黒のものから、形も角ばったもの、丸みをおびたものなどがあり、丸みのあるものは波や風に擦《す》れたものです。

昭和六十一（一九八六）年十月から十一月にかけて、玄界沿岸の浜に大量の灰色軽石が漂着しました。この年の一月にマリアナ諸島北部の福徳岡《ふくとくおか》ノ場《ば》の海底火山が噴火し、その時、小さな島も出現し、おびただしい軽石を噴出しました。軽石は、五月ごろ、沖縄に漂着、十月ごろには玄界沿岸に達したのでした。

軽石製浮子

独特の色をしたこの軽石は、「福徳岡ノ場の灰色軽石《はいいろかるいし》」と呼ばれました。この福徳岡ノ場の海底火山は、平成四年十月にも噴出したことが新聞に報じられていました。

　昔の人は、海岸に漂着している軽石を、石と思ってもみなかったようです。筑前の博物学者として知られた貝原益軒《かいばらえきけん》は『筑前国続《ちくぜんこくぞく》風土記《ふどき》』の中で、こんなことを書いています。「処々《ところどころ》の海辺にあり、これは潮の泡の固《かた》まったものだ」と。

　そう言えば、海の荒れた時、岩場では激浪《げきろう》に泡が立ち、これが風に吹き散ったものを「浪《なみ》の花」と言いますが、益軒は、これが軽石になったのだと考えたのかもしれません。

玩具《がんぐ》（おもちゃ）の舟

　笹舟をつくって川に流したり、木をけずり舟をつくって、海や池に浮かばせて遊んだことが皆さんにもあるでしょう。

　そんな、子どもたちがつくった玩具の舟が漂着していることがあります。海岸を歩くたび、集めてみますと、五十隻ほどになりました。これにも時代により、材質に移り変わりが感じられます。

　まず、玩具の舟を分類してみると、大きく三つになります。

一、単純に船首を尖らせて船形としたもの。

二、船首を尖らせ、中を刳《く》り抜き、丸木舟としたもの。

三、船室や砲台などの付属品をつけて軍艦にしたもの。

船の材質は木が多いのですが、その種類はスギ、マツ、タケ、ラワンなどで合板《ごうはん》のものもあります。最近は、発泡スチロールのものをよく見かけます。簡単に切ったり、刳り抜いたりと加工ができるので多くなる傾向にあります。

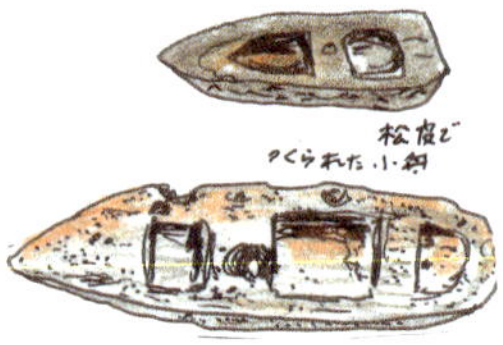

　船と言えば、フィリピンの子どもたちが、自分たちでつくったものを海に浮かべて遊んでいるのを、旅行中にいく度も見たことがあります。

子どもがつくった船

ココヤシに竹でアウトリガーをつけ、椰子の皮を帆にしてつけると、海風に乗って面白いようにすすみます。

子どもたちの遊びには時代の移り変わりが感じられますが、自分の手でつくってみることは、大切なことだと思います。そこには、きっとつくりあげる時の工夫や完成の喜びがあり、物に対する愛情が生まれてくるからです。

アウトリガーをつけたココヤシの船

古《こ》銭《せん》

古銭が漂着することがあります。

昭和五十三（一九七八）年十二月に、福岡県遠賀郡芦屋町の浜で遊んでいた子どもが、波打ち際を見ていると、丸いものが波の中をキラキラ流れて行きます。拾いあげてみますと、中に四角い穴があいている古銭でした。それが話題となって、近くの子どもたちや住民が拾い集め、約七千枚ほどになりました。持ち帰った人もいますから、実数は、一万枚以上はあったと思われます。

この漂着した古銭は、芦屋歴史民俗資料館の職員が、水に浸けて塩抜きをして乾かしたあと、古銭図鑑で調べたところ、日本のお金が二三八七枚あり、江戸時代から明治のころまでのものでした。中国の古銭は二三〇一枚ありました。

そのうち、破銭《われぜに》と言いますか、半分に割れたりした欠銭《かけぜに》も一枚と数えてみますと、六七四四点ほどになりました。

なぜ大量漂着するか……、沈没船ということも考えられますが、時代が古い中国の古銭から清《しん》時代のものまでと相当に幅がありますので、沈没船に積まれたものが流出したとは、

青森の海岸に流れ着く天保通宝

玄界に漂着した青磁片　左は三槐の文字、右は金玉満堂の刻印がある

考えられません。

近くには遠賀川があります。川に落ちた銭や金属類が、永い年月のうちに溜まるような場所があったのが、大がかりな護岸工事がされて、潮の流れが変わったことが一因で流出したのではないかと言う人もいます。

お札《ふだ》

お寺や神社のお守りやお札が流れ着くことがあります。いや、案外その数は多いと言ったほうがいいでしょう。

通常、古いお守りやお札は、寺や神社に持っていくと焼却してくれます。ですが、時には焼却してもらえなかったり、持っていくのを忘れたりした人が処分に困り、海へ流すこともありました。「粗末にすると罰が当たる」と考えたのでしょう。

玄界沿岸には地元の宗像大社や山陰の美保《みほ》神社、佐賀の祐徳稲荷《ゆうとくいなり》などのものが漂着します。車や、船に祀られたものもありました。

昭和五十三（一九七八）年二月、三重県鳥羽浜に漂着したものは、長さ七二・五センチ、幅一三・五センチで、「奉修大峯柴灯護摩供大漁満足祈所文化十酉年七月吉祥日」（文化十酉年は一八一三年）とあり、「大漁満足」ですから、魚がたくさん獲れることを祈願したものでしょう。

また、昭和四十九年十一月には、海の中道に、「天保八酉奉修宝満宮祭祀最勝……」と墨書《ぼくしょ》された神札《しんさつ》が流れ着いていました。天保《てんぽう》八年は一八三七年ですから、幕府を揺るがせた大塩平八郎の乱が起こった年です。

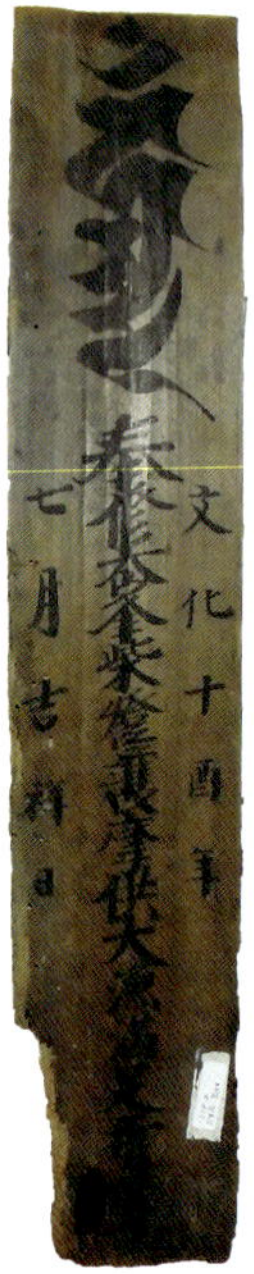
三重県鳥羽の海岸に漂着していた大漁祈願の札

こんな時代のものが、なぜ流れ着くのか。福岡市の海の中道に漂着した前の年には、この沿岸を襲った豪雨があり、古い家にあったものが流れ出たのでしょう。もう一つ「文化」と書かれたものは、家にむかしからあったものを、改修する時に一緒に海へ流したものではないかと思われます。
神札が流れ着いて、それが地名になったところもあります。愛媛県越智郡（現・今治市）大三島の西南にある宗方《むなかた》は、宗像大社のお札が漂着したので、宗方という地名がついたと言います。また、長崎県西海《さいかい》市西海町面高《おもだか》の氏神竈門《うじがみかまど》神社は、太宰府の宝満《ほうまん》山の本社の分かれですが、それを祀るようになったのは、「宝満」と書いた神札がこの地に漂着したからだと言います。

仏像

こんなものも漂着するのですか、というものの中には「仏像」があります。

信仰の対象ですから、粗末にはできません。お寺やお堂に安置されていたものが、いったいなぜ、流れ出たのでしょうか。

私も昭和五十四年十一月に、五センチほどの小さな仏像を拾いました。その後も私のところに仏像が漂着したという知らせをいくつか受けました。

石川県の能登《のと》半島の羽咋《はぐい》海岸で焼けた阿弥陀如来《あみだにょらい》像が、福井県小浜《おばま》の矢代《やしろ》には迦桜《かる》羅《ら》（インド神話における巨鳥。竜を食うと言われる神話の中の鳥。仏教に入って天竜八部衆の一つとなる。仏法の守護神とされる）像、また、小浜では大黒像が、山口県下関市豊北町の浜にも薬師如来《やくしにょらい》像が漂着しました。

玄界では、海の中道に福禄寿《ふくろくじゅ》が、他に遠賀郡芦屋浜には、布袋《ほてい》像、不動明《ふどうみょう》王《おう》像が流れ着いたという具合です。台風や大雨などで流れ出たものや、信仰する人がなくなり、海へ流されたものもあるのでしょう。

小さな小さな仏像

こんなものもありました。長崎県三重町の浜に子どものマネキンが漂着しました。この年は、伊勢湾台風で多くの被害が出た年で、地元の人はこのマネキンを祀っています。冬の寒い日には、衣服を着せ、帽子をかぶせていると友人の矢野信保君から聞きました。

お神様が海から、大根や貝、タコ、クジラに乗って寄ってきたという伝説のある神社は、能登半島に七十社ほどあります。

私が住んでいる、福津市や遠賀郡にも漂着仏の話がいくつかあります。

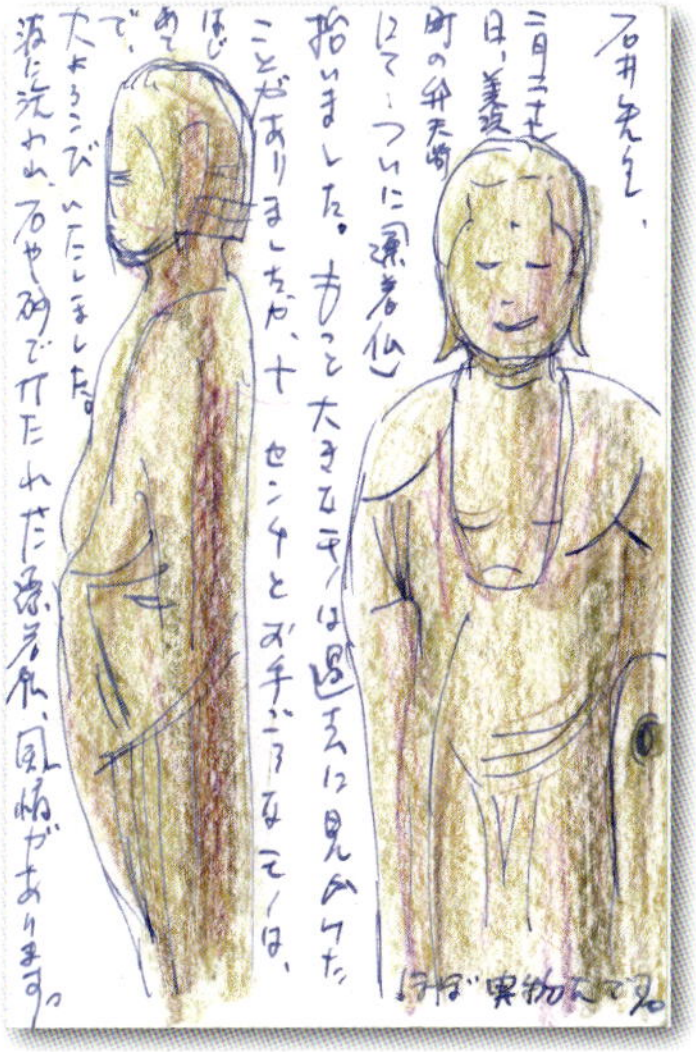
福井県美浜町で漂着仏を拾ったことを知らせる、林重雄さんのハガキ

中国・韓国製品、いろいろ

1. どんなものが漂着するか
イ 漁具類
浮子(丸浮子ほか) 漁業用籠(カゴ)、ラゲ、タコツボ
プラスチック製タコツボ
ハングル文字 色は茶色が多い
穴子など長い魚をとるウケ。
これはたくさん漂着している。
ロ 生活用品
プラスチック製 貯金箱
ブタ 笑っている
MINI BANK
福
マジックで目がかかれている
貯金箱は象、鳥、コマ犬、フクロウなどあり。
台湾、韓国。韓国の雑貨店で売っている。
ニ 薬
牛黄解毒片
牛黄清心丸
ハ 玩具 遊び道具 おもちゃ
孫の手 竹をつけて背をかく
韓国の将棋駒 プラスチック製
中国の将棋の駒 象棋(丸) 円型
王将 木製
日本の将棋の駒 五角型
World cup Korea

中国・韓国製ライター

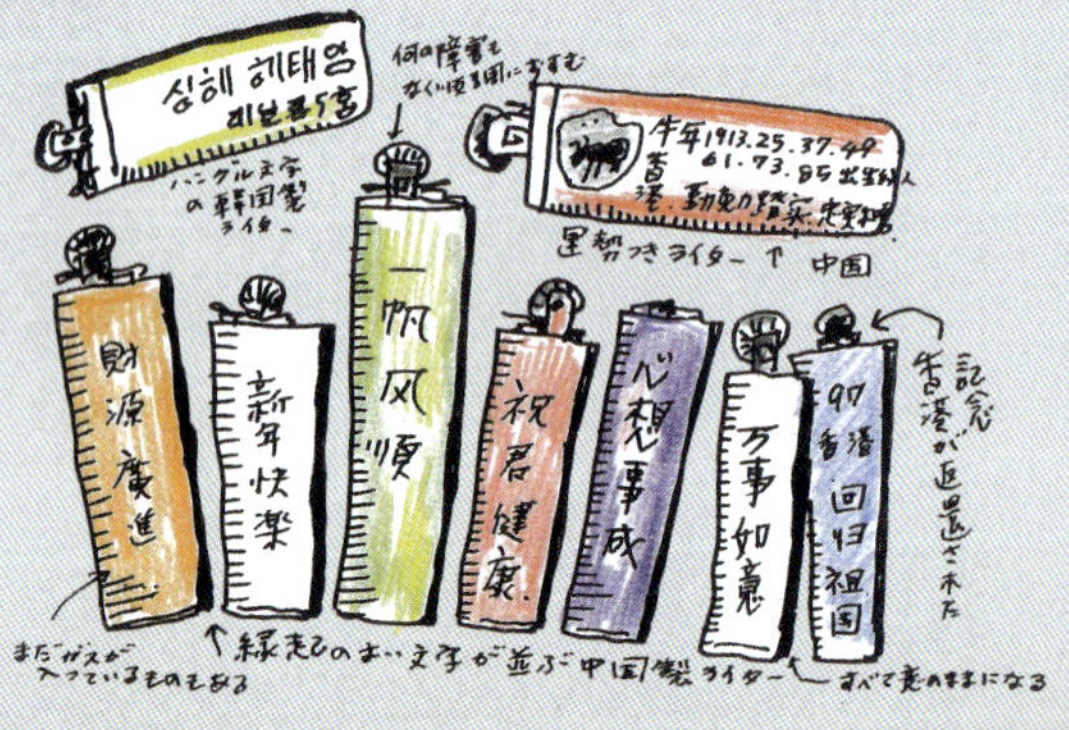
財源廣進
新年快楽
一帆風順
祝君健康
心想事成
万事如意
97香港回归祖国
まだガスが入っているものもある
縁起のよい文字が並ぶ中国製ライター
記念 香港が返還された

懐かしいモノたち

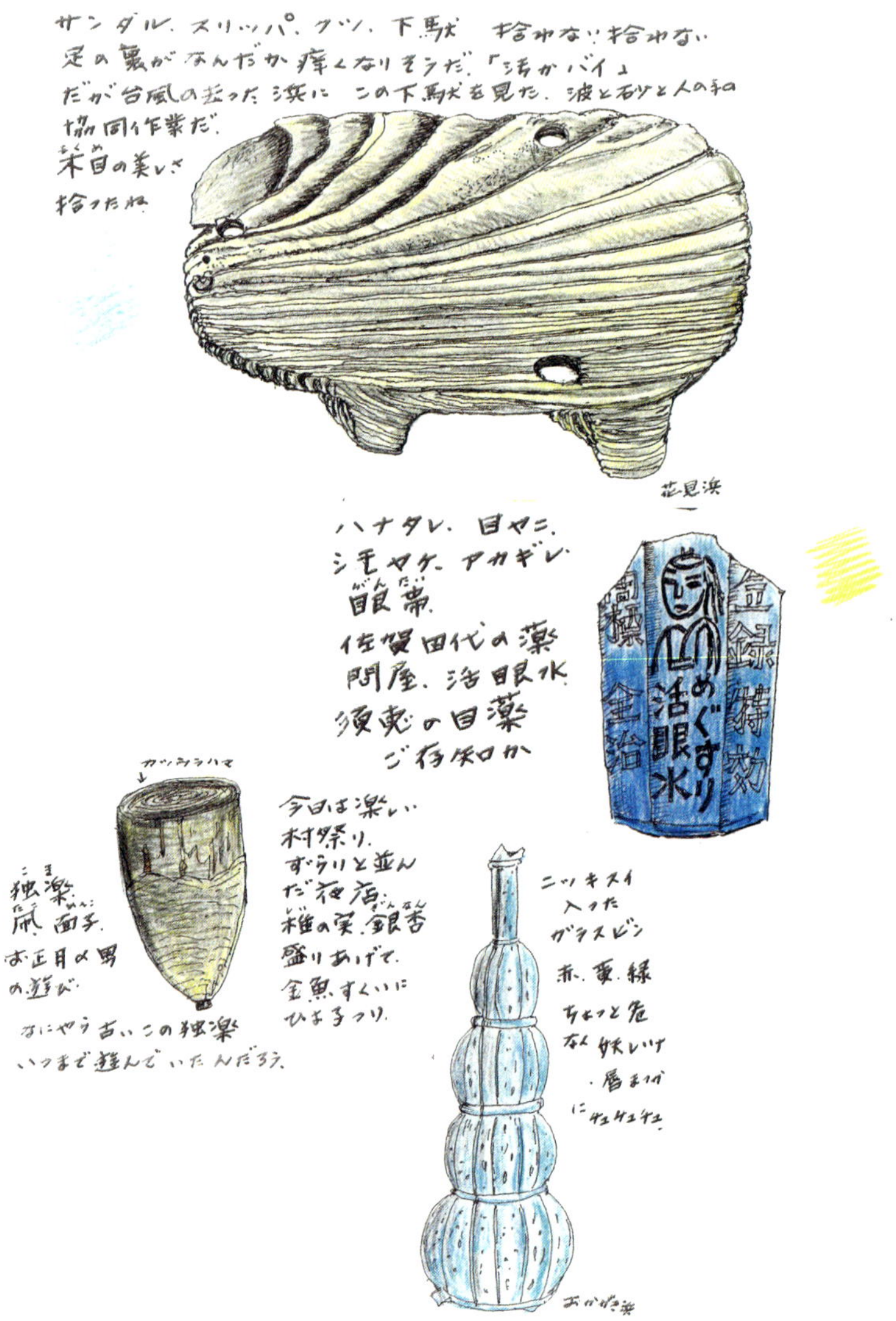
サンダル、スリッパ、クツ、下駄 拾わない 拾わない
だが台風の去った浜に この下駄を見た。波と砂と人の手の協同作業だ。
木目の美しさ
拾ったね
ハナタレ、目ヤニ、シモヤケ、アカギレ、眼帯
佐賀田代の薬問屋、活眼水
須恵の目薬
ご存知か
活眼水
めぐすり
独楽
お正月の男の遊び
なにやら古いこの独楽 いつまで遊んでいたんだろう
今日は楽しい村祭り。ずらりと並んだ夜店、椎の実、銀杏盛りあげて、金魚すくいにひよ子つり。
ニッキスイ入ったガラスビン
赤、黄、緑

あらそいの漂着物

戦う竹崎季長（「蒙古襲来絵詞」より作図）

元寇の鷹島を歩く

蒙古《もうこ》襲来《しゅうらい》

弘安《こうあん》四（一二八一）年六月、四万の兵を乗せた元《げん》・高麗《こうらい》軍の船は、朝鮮の合浦《がっぽう》を出発、ひと月遅れの七月、中国・寧波《ニンポー》から出発した江南《こうなん》軍（南宋）計十四万は再度、日本遠征の長途につきます。まず、先に着いた元・高麗軍は博多上陸を試みます。しかし、沿岸二〇キロにわたる石築地《いしついじ》（元寇防塁《げんこうぼうるい》）や河口に立てられた杭《くい》に上陸を阻《はば》まれ、元船は湾や周辺に漂います。その後、長崎県平戸《ひらど》付近に戻り、やがて江南軍と合流、長崎県鷹島《たかしま》付近に集結して再度、博多を狙《ねら》います。閏《うるう》（一年を十三カ月とする）七月一日、集結していた元船に台風が直撃し、壊滅《かいめつ》的な打撃をあたえました。

これより七年前の文永《ぶんえい》十一（一二七四）年にも、元・高麗軍四万が、博多に襲来《しゅうらい》（文永の役《えき》）、博多湾岸で鎌倉武士と激戦を交えますが、なぜか一日で引き揚げました。これには暴風説と計画的撤退《てったい》説の二説があります。

弘安の役の壊滅は、『元史日本伝』では「十萬之衆、得還者三人耳（十万の衆、還《かえ》るを得たるもの三人のみ）」と記されています。少しオーバーな表現ですが、大打撃を受けたことは間違いありません。

台風に直撃されたということは、当然、この鷹島や周辺の海底に、船をはじめ積み込まれた生活用具類や多くの武器類が沈み、あるいは、埋まっていることが想像されます。事実、それを実証するように、碇石《いかりいし》や、壺《つぼ》、甕《かめ》、鉢《はち》、臼《うす》などが漁船の網に入って引き上げられていました。

蒙古襲来

海底発掘調査

昭和四十九（一九七四）年には、鷹島・神崎免《こうざきめん》の海岸で貝掘りをしている人が銅印を見つけました。これは、フビライ汗《かん》がチベット僧に命じて作らせたパスパ文字の銅印『管軍総把《かんぐんそうは》』（千戸と百戸の間に位置した将校の印）だったのです。

したがって、この海底には元船などが今も眠っていると考えられ、昭和五十五年から五十七年にかけて、東海大学の茂在寅男《もざいとらお》先生を中心として、鷹島の海底を調べることになりました。この調査で、沈没船の確認こそできませんでしたが、元軍が船に積み込んだものが多く残っていることがわかったのです。その後、数回にわたって水中考古学の発掘調査が行われています。

そして、昭和五十六年には、鷹島の南面海域の東側干上鼻《ひあがりばな》から、西側雷岬《かみなりみさき》までの延長七・五キロメートル汀線《ていせん》より沖合二〇〇メートルまで一五〇万平方キロメートルにわたって遺跡地に指定され、これにより護岸工事や浚渫《しゅんせつ》工事などが行われる際には、海底調査が行われるようになったのです。

その後、平成二十四（二〇一二）年三月に海底史跡としてはじめて認定されました。

海底調査に参加する

平成四年六月二十六、二十七日、九州・沖縄水中考古学協会が、研修と親睦を兼ねて、神崎免付近の海底を調査することになり、私もこれに参加しました。

二十六日には、調査する海底にロープを張り、調査範囲の準備が完了していました。二十七日は九時より開始。私も午前中は船に乗り、潜水の様子を見せてもらいました。

アクアラングをつけ、次から次へと海底へ沈んでいく調査員の様子を見て、船上に残された私と新聞記者、民俗学者の楠本正氏の潜れない三人は、大変寂しいものを感じていました。

水深は三〜一二メートルと深くなっているところもあります。潜っている連中は、「竜宮城」の世界にいるはずです。

右手に調査船、ここの海底を調べた

七百年前の陶磁片

残された三人は、午後から潮が引いた海岸を歩いて、浜の状況を調べてみることにしました。この浜を歩く前に、水中考古学のベテラン、石原歩さんから、海底や浜から揚げられる陶磁片の説明を聞いていました。

この海岸は礫石《れきせき》海岸といって、大小の礫石（握りこぶし大から二、三センチくらいの石）がごろごろして、潮の引いた後の石には、カキ、イガイ、アコヤガイ、フジツボなどが付着し、素足では歩けない浜です。その礫石の間に小砂利があり、そこに陶磁片がはさまったりしています。

最初に歩いた時は、潮の引きはじめで、長期間海水に浸かっていたため、表面に貝や海藻類が付着しどれも同じように見えたのですが、乾燥し、次第に目が慣れてくると、陶磁片との区別がつきます。驚いたことに、たくさんの陶磁片が岩や砂利の間にはさまっていました。

どれも割れ口は角がとれ、摺《す》れていました。弘安四（一二八一）年から七百年という長い間海底にあったのですから、波や石に摺れながら、細かく、丸くなったのは当然のことでしょう。

一隻の軍船に積み込まれた生活用具だけでも、穀類、酒、飲料水を入れる容器、食器類などがあったでしょうから、膨大な量になります。鷹島でどれだけの船が沈没したかわかりません。また、沈没をまぬがれた船も、破損した陶磁器類は即座に海中へ投棄したでしょうから、海底や周辺におびただしく残り、それが漂着することは十分考えられることです。

浜を歩きながら、たくさんの陶磁片を採集することができました。いくつかの陶磁片の説明をいたしましょう。

四耳壺《しじこ》は、細長い壺の口の部分に四つの耳状の把手《とって》が付き、持ち運んだり、吊り下げられるようになっています。鷹島の歴史民俗資料館に、海中から引き上げられた完形品が展示されていますが、高さ三〇センチほどの碗や皿類、鉢もありました。陶製のものと青磁のものがあります。

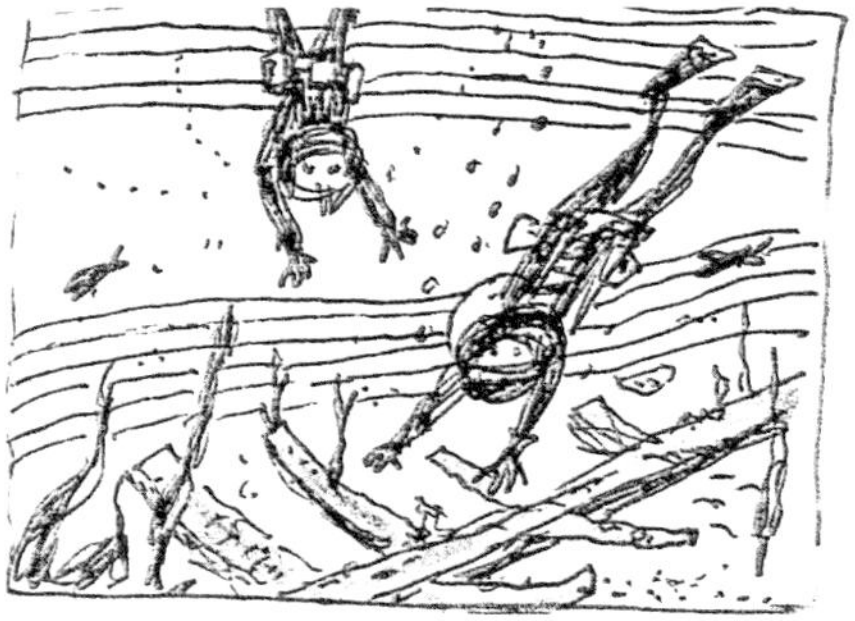

水中考古学　鷹島沖で元船見つかる

青磁は中国で焼かれたものでしょう。少しくすんだ草色をして、薄く文様のつけられたものもあります。恐らく、上級の将軍が乗った船で、食器に使われたものでしょう。遠征軍の総計は十四万、そのうち南宋の江南軍は十万と言われますから、遠征のために、中国で食器類や貯蔵用の甕《かめ》や壺が大量に焼かれたのです。

焼き物の口縁《こうえん》部、胴体部、底部などのかなり大きな破片も出てきます。どれもが貝殻が付着しています。一つ一つの破片が、弘安四年閏七月一日の悲劇を知っているのです。血みどろの戦《いくさ》のことや、暴風に船が壊れ、沈んでいったことも。今、それを目の前にしているという歴史の重みのようなものを、一つ一つの破片に感じました。

「てつはう」

そして、とうとうこんなものも見つけました。直径一五センチ、びっしりと貝殻が付着した陶製品です。もとは円形で、半分に割れていますが、中央に三センチほどの円形の穴が空いています。内部にも泥が入って、一部鉄片《てっぺん》も食い込んでいます。無論、表面にはびっしりとフジツボが付着し、重いものです。

水中考古学の海底調査では、直径八センチ前後、重さ八〇〇グラムから、直径一五センチ、重さ三キログラムの丸い石が引き上げられています。これは、元軍が持ってきた投石機によって使われた石弾《せきだん》と言われています。石だけでなく、陶製もあったと言われています。『蒙古《もうこ》襲《しゅう》来《らい》絵《え》詞《ことば》』にも描かれている「てつはう」（鉄砲）の炸裂《さくれつ》している状況は、この陶製に似ていました。『八幡愚童訓《はちまんぐどうくん》』（鎌倉時代の神道書。二巻、著者未詳《みしょう》）には、「逃ル時ハ鉄砲ヲ飛シテ、暗クナシ、鳴音闇高カレバ、心ヲ迷シ、肝ヲツブシ、目眩耳鳴ナリテ、茫然トシテ東西ヲワキマエズ」とあります。

てつはう。中の鉄片が錆びて赤くなっている

石弾の中には中央に穴を開けたものもあり、これに似ています。水中考古学協会の人たちも、これは初めて見るものだということでした。これは、その後、福岡市の埋蔵文化財センターに運ばれ、「てつはう」であることが判明しました。今は、九州国立博物館に展示されています。

ついに発見された元寇船

平成二十三（二〇一一）年の暮れにはビッグなニュースが入ってきました。

鷹島沖の海底調査をしていた琉球大学のチームが、ついに約二〇メートルほどのキール（船の竜骨）を発見しました。今後の調査によって、元寇船の姿がはっきりするでしょう。

この沈没船の例のように、海辺に漂着している一片の土器片や陶磁片がひとつの契機となり、思わぬ発見につながることがあります。皆さんも、メキシコのカリブ海の海岸にスペイン領時代の金貨が漂着し、調べてみると沖に財宝を積んだスペイン船が沈没していたという、わくわくするような話を聞いたことがあるでしょう。一片の漂着が、大発見につながることもあるのです。

考古学では、表面採集（掘り下げずに調べること）の大切さがよく言われます。大遺跡の発見も、畑にあった一片の土器からということは、たびたび聞きます。表面採集は考古学にとって、もっとも基本的なことであり、漂着物の採集も同じことだと思います。

漂着する陶磁器ものがたり

ゆれ動く世界と漂着物

海漂器《かいひょうき》というもの

なんでもない、興味がない人には単にゴミにすぎない漂着物ですが、そこをじっと見つめていると、政治や歴史、動植物の世界が見えてくるものです。もう廃止されましたが、海漂器というものがありました。

「海に漂う器」の意味ですが、これは台湾から中華人民共和国（中国本土）へ向けて流していた容器（プラスチック）で、反共産主義の宣伝ビラが入っています。

台湾の国民政府が公海や領海から流した容器が、中国本土に漂着し、それを中国の人たちが拾って、容器を開けると、「ビラ」が入っているのです。海漂器の中には、ビラを読んでもらうために、石鹸《せっけん》、タオル、香水《こうすい》、靴下、シャンプー、針袋《はりぶくろ》などのどれか一点が入っています。

戦争の道具

海漂器は、今では歴史的遺物となりました。この海漂器には、いったいどんな意味があったのでしょうか。

戦争や紛争、これは直接、武器を使って戦うものばかりを言うのではなく、電波を通じたり、宣伝によって、相手の国に動揺《どうよう》や混乱をあたえることも、その一種と言ってもいいかもしれません。

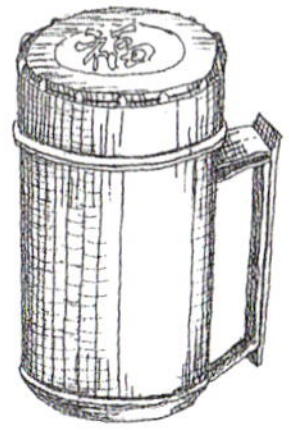

海漂器

台湾の浮子にも刻まれていた反共の文字

海漂器（上）と中に入っているプロパガンダやプレゼントの品

海漂器の中の孫文のビラ

韓国が北朝鮮に流した海漂器。発泡スチロールの容器の中にビラ、食糧難にあえぐ人々のために缶詰が入っている（新潟の陶山修氏撮影）

丹後海岸に漂着した北朝鮮の舟

海漂器も戦争（神経戦）の道具でした。海漂器について、もう少し説明しておきましょう。

海漂器は、プラスチックの容器で、ジョッキや水筒の型など十数種のタイプがあります。容器は目につきやすいように、赤、白、黄、緑、青、褐色があり、蓋には福の字が陽刻されています。底には梅花を図案化したものがついています。福は招福、すなわち福を招く意味です。梅花は台湾の国の樹《き》です。

中に入っているビラも、いろいろな種類があります。直接、共産主義を批判したもの、中国の内政を批判したものもあれば、台湾の人々の豊かな生活や教育などがカラーで印刷されたものもあります。

「光明的前途」「幸福的家族」と印刷された漢字から、ビラが言わんとしていることが理解できます（ビラの内容については、省くことにします）。

また、亡命者が中国から逃亡する際に乗ってきた航空機や艦船《かんせん》の種類について、ランキングをつけたものも入っています。中国空軍の戦闘機ミグ17だと黄金三千両、新しいミグ21だと七千両、船だとミサイルを積んだ軍艦とか潜水艦は黄金四万両（一両は黄金三七グラム）といった具合です。要するに賞金がつくのです。

これら海漂器は、台湾が領有する中国大陸に最も近い金門島や馬祖島から流されたり、あるいは公海から、海流を利用して流されました。一度に十万個ほど流したと台湾の雑誌に出ていました。海漂器は、目的通り中国沿岸に漂着したものもありましたが、中には船に拾われたものもあるでしょう。日本にもたくさん漂着しているのです。恐らく朝鮮の西海岸にも漂着しているはずです。

海漂器は玄界沿岸は無論、日本海へ流れ能登半島、新潟や秋田にも漂着し拾われています。太平洋側の黒潮本流にも乗り、四国の高知県大方町に漂着しています。

未来に残したい海

海からの声

漂着物を求めて海岸を歩いていると、海や砂浜、松林の悲鳴が聞こえてきます。砂のつぶやき、松の嘆き、海の叫びです。

注意を呼びかける看板

海岸の原風景

「白砂青松《はくしゃせいしょう》」という海岸を形容する言葉は、四面海に囲まれている日本の海の景観を、端的に表現した詩的な言葉です。海岸の白い砂、深い緑の松林、それが海岸の原風景です。これがなければ、海岸は死んだと言っていいでしょう。

日本海岸の砂は、その環境によって、白かったり、黒かったり、黄色かったりと、一様ではありません。ですが、沖縄の蒼い海とサンゴの砕けた真っ白にまぶしい浜、山陰の曇天とよく似合うきめ細かな黄色っぽい砂、とても美しい風景です。玄界の砂浜も、色合いといい、砂粒の細かさといい、日本一美しいと私は誇りに思っています。

日本の砂浜の中には、鳴《な》き砂があります。砂の上を歩くとキュッキュッと音をたてます。全国で十二カ所が確認されていましたが、今、砂が鳴くところは著しく減少し、十八鳴浜、琴ヶ浜、琴引浜などのわずか数カ所だといいます。

失われゆく美しい海岸

私の住んでいる玄界灘沿岸については、「砂の研究家」として知られた、同志社大学の三輪茂雄先生が「福岡県北部、玄界灘に面して、神湊、京泊、白石浜、恋の浦、海の中道とあります。このあたりは、ずっと鳴き砂があったんですが、これも完全になくなっております」と書かれています。

砂がキュッキュッと鳴くということは、三輪先生によれば、最も砂の純粋さが保たれているところだそうです。そうです、汚れていないところと言ったほうがいいでしょう。

いま、日本の海岸は砂が減少し、どこも砂浜がやせ細っています。高度成長期に、日本中にビルが建ち、道路が整備され、そのために多くの砂が採取されました。さらに、河川の護岸や改修が多くなり、河川から流れくる砂の供給が減少したことも、海砂の減少に拍車をかけたようです。

福岡県の場合、玄界灘の海砂五五〇万立方メートルが長年にわたって採られました。この数字をもっとわかりやすく説明すると、毎年一〇トン車（ダンプカー）で約八十八万台分の砂が失われたことになるのです。その結果、海はどうなったか。海底は恐らくスリ鉢状になっているか、各所に凹凸ができてしまった状態になっていることは、十分に想像できます。

そのようなツケが昭和五十年代にあらわれてきました。

十一月のある日、高波と異常潮位が三日間ほど続きました。その時、玄界沿岸では、あらゆるところで砂丘が消え、護岸のコンクリート壁や消波ブロックが崩壊し、地盤が沈下したりしていたのです。海岸を歩いてみて、本当にびっくりしました。

開発の代償

この原因は、いったい何でしょうか。私は、恐らく過去二十年以上にわたる、沖の砂採取に原因があるのではないかと考えました。先に記したように、長期間の海底での砂採取が巨大な凹《くぼ》地《ち》を作ったか、または、海底を深くしたのではないかと思うのです。これに対して行政は、沖の砂取りと、浸食との因果関係ははっきりしない、と否定しました。しかし、その一方で、今まで沖合一・六キロメートルを許可していたのを、何故か、約四キロ沖合としています。

土地のお年寄りたちは「海水浴に行く時、熱い灼けついた砂浜を、アッチアッチと言って、砂の上に刈り取ってきた雑草を置きながら砂浜を通った」ことや、砂浜で運動会をしたことなどを聞かせてくれます。

豊かな砂浜はいったいどこへ行ったのでしょうか。今ではどこの海岸も、堅いコンクリート

花見小学校卒業記念の植樹

土地の人や小学生が、草刈りや植林をして、松林を回復させようとしている

福津市花見の浜の松林。その向こうに海岸があり、玄界灘が広がる

と、消波ブロックの山になってしまっているのです。

海とともにあった松林

松もそうです。砂浜あっての松です。「松籟《しょうらい》」という言葉は、松の梢を吹く風、また、その音を意味し、それがそのまま地名になっているところもあります。私の住んでいるところには、「松風」とも呼ぶ町名もありました。青松は、まさに日本の海岸の原風景でもありますが、一方で、防風、防砂としての大事な役割をもっていました。また、松林は、魚付林と言って、漁業に欠かせないものです。松は魚を寄せつけるのです。

我が家の前の海岸は、「花見松原」と言って筑前八大松原の一つだったのですが、毎年、松が枯れ、伐採され、古い松はほとんど姿を消しています。この松原の植林は、江戸時代ごろからはじまって、松を保護するためにわざわざ人を住まわせていたのです。松一本一本の管理は大変でした。

お隣の県、佐賀県には、全国的にその名を知られた「虹《にじ》の松原《まつばら》」がありますが、ここでも松が年々減少しています。松クイ虫の被害だけでなく、酸性雨、排気ガスなどの、いくつかの条件が重なり合って、松原全体が弱って枯れて行くことも考えられます。要するに、松が育つ条件が極めて厳しくなっているのです。

消えてゆく海

海岸を埋め尽くすゴミ

海はもっと深刻です。「海は巨大なゴミためである」と言われるように、あらゆるゴミが、世界中のゴミが、固まるようにして海流に乗り、動いているのです。

福岡県の広告に「海はゴミ箱ではない！　釣り針、テグス、ビニール類は捨てないで。海はきれいだ、大きいな」とありました。私たちが浜辺に見るビニールやプラスチック、発泡スチロールは、そのまま海に漂っていると思って間違いありません。それが、海に生きる生物たちに悪影響をあたえているのです。

海亀の死骸が多く漂着しますが、「鶴は千年、亀は万年」と言われるような長寿をまっとうした死ではないのです。

こんな広告文を目にしたことがあります。

「死んだ海亀の七六％が、好物のクラゲと間違えて、ビニールやプラスチックを食べていた。いや、食べさせられたと言うべきかもしれない」

海亀は、本当に「無念」だったことでしょう。

世界の海に漂っているプラスチックの粒もそうです。「レジンペレット」と言われるこの粒は、二、三ミリの、円形や方形をしたものです。それが鳥や魚の胃の中から検出されている例が世界各地から報告されています。

それだけではありません。汚水、廃水。そして、平成五（一九九三）年早々には、イギリス北部シェットランド諸島サンバラ岬付近で、八万九〇〇〇トンの大型タンカーが座礁し、約八万五〇〇〇トンの原油が流出したというニュースに驚かされました。さらに、マラッカ海峡では、タンカー同士が衝突し、二五万トンのタンカーが

大量のポリタンクが（福岡県福津市津屋崎　勝浦浜）

炎上、原油流出が報じられ、暗い気持ちに襲われました。

　湾岸戦争のあの惨状、そして、東日本大震災での福島第一原子力発電所の事故による放射能汚染も発表されていますが、戦慄すべき報告です。海の汚染は、静かに深く浸透しているのです。原発についても再度考える時がきています。

　砂も、松も、そして、広い広い海も泣いています。波の音、風の音に、怒りや悲しみの声が聞こえてきませんか。

　私たちがしなければならないことは、地球人が一体となって、真剣に未来のこと、環境について考えていくことでしょう。

タバコ、フィルターの行方

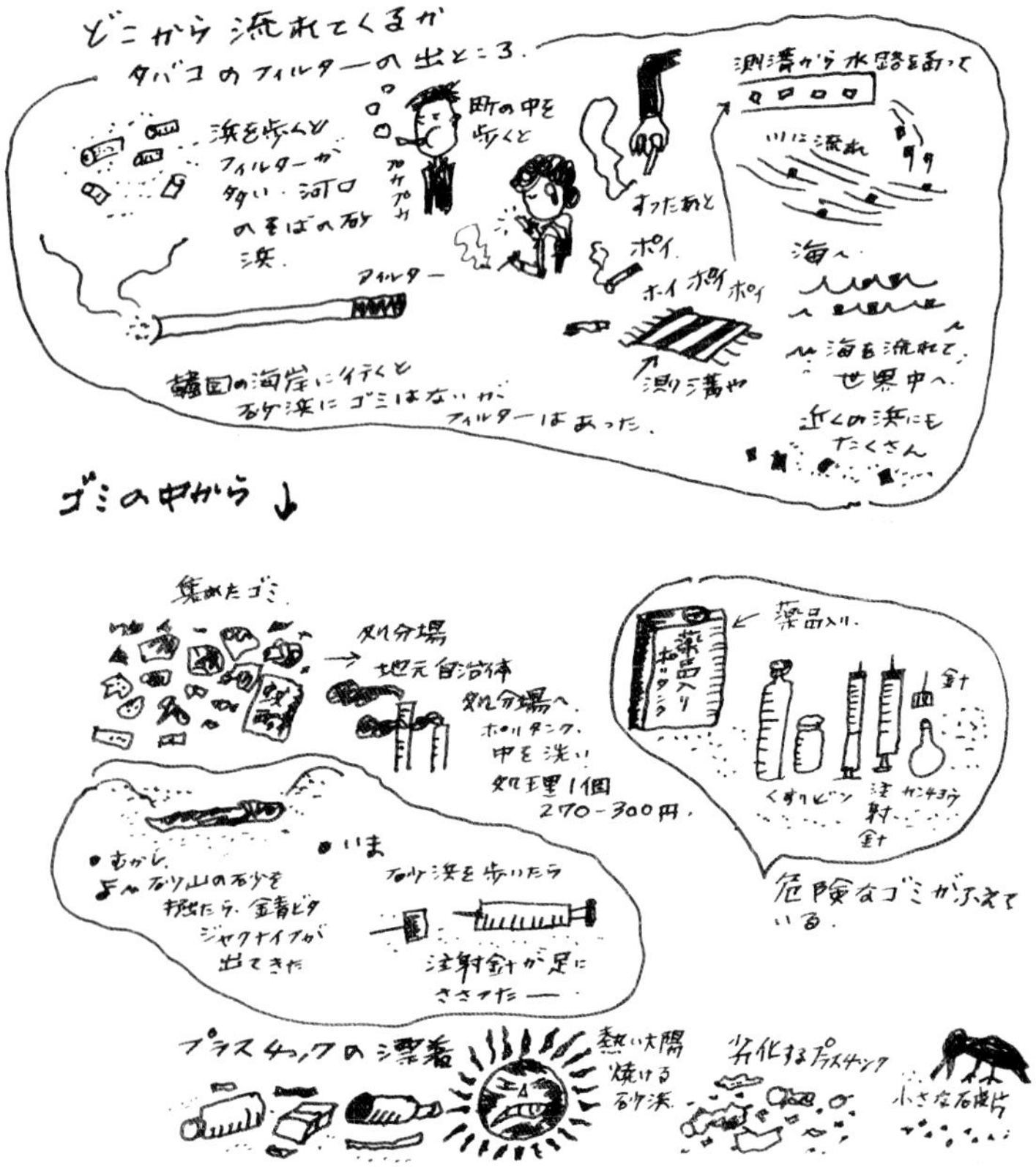

漂着ゴミ

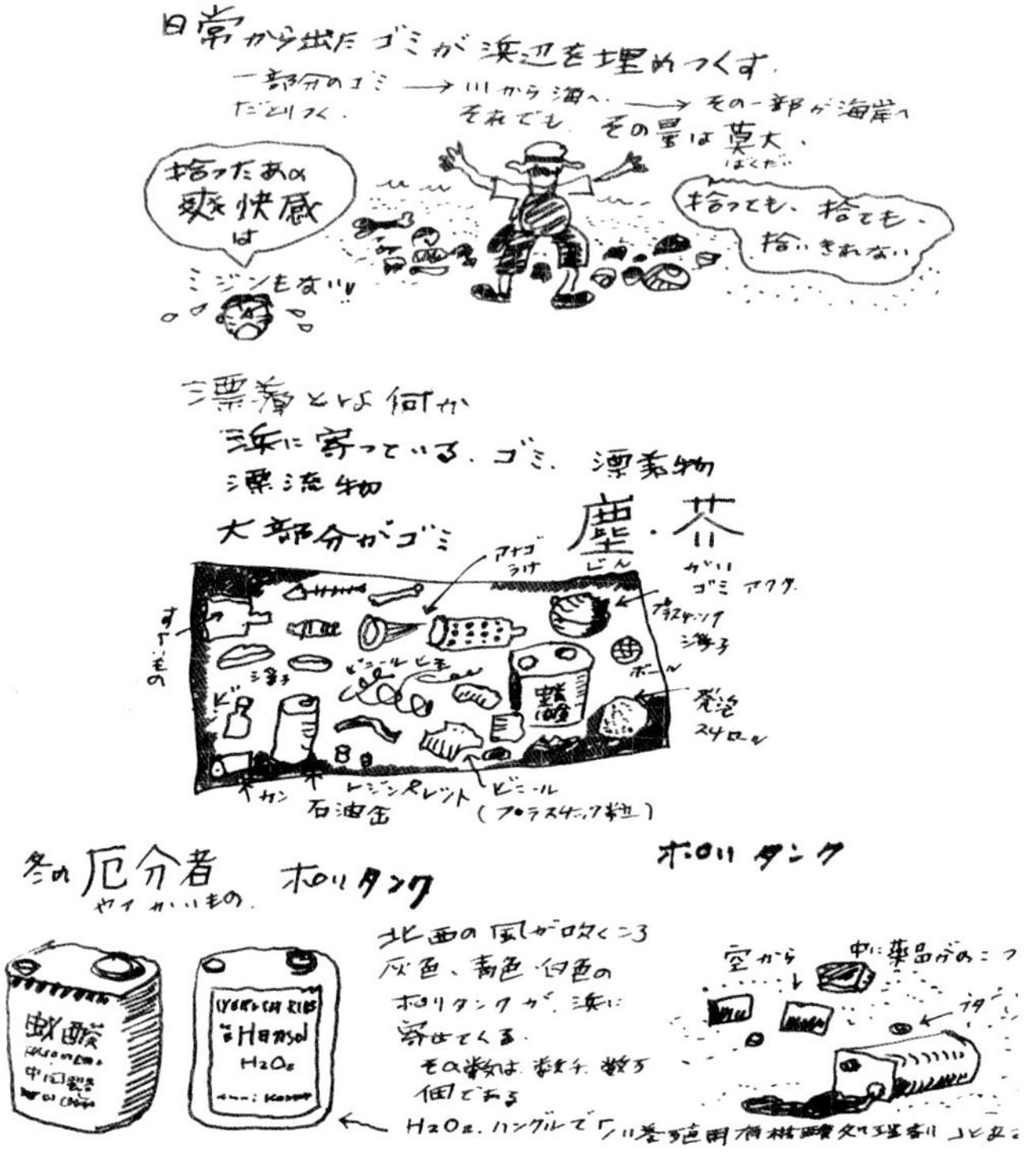

ビーチコーミングを楽しむ

砂丘の上に
あがって海を
みる。
玄界の島々
波や鳥がとんでいる
いい気分バイ
イザ！海へ
ドキドキ ワクワク
も一一ラ

さあ、海にでよう

漂着物について、だいたいのことがわかったと思います。

さあ、漂着物さがしに海岸へ出かけてみましょう。

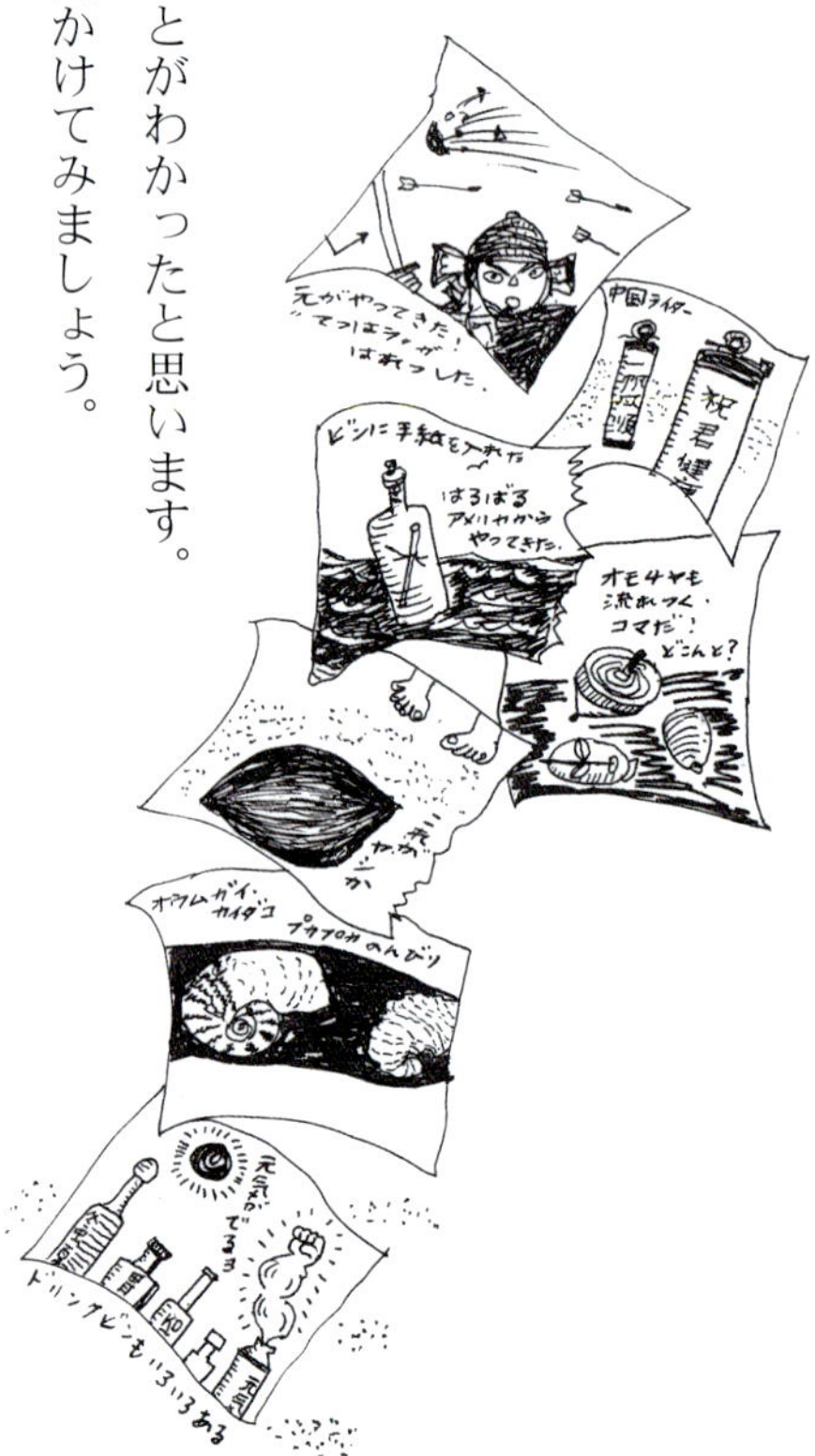

まずは準備

その前に是非、これだけの準備はしてください。

①まず、採集したものを入れる袋が必要です

買い物をすると、ビニール袋(ポリ袋)に入れてくれます。ぶらさげられる大きな袋が、二、三枚あればよいでしょう。砂や海水に浸かってぬれたものもありますから、ポリ袋は本当に便利です。小さい袋も三、四枚、カバンの中に入れておきましょう。

②筆記用具とフィールドノート

ノートは一冊、これは漂着物を見つけた時の記録用です。ちょっとしたことをメモします。ペンは、油性のボールペンがいいですね。それに、油性マジックがあれば、採集したものに、その場で記入することもできます。採集日時と場所を記入しておけば、あとで整理する時に大変便利です。

③カメラは是非、用意したいものです

イルカなどの大きな漂着物は、撮影して記録にとっておくと、参考資料になります。日

付がわかると整理に便利です。歩く距離にもよりますが、軽量の小型カメラがいいでしょう。最近のデジタルカメラは、小さくて性能がすぐれています。

④メジャーも忘れないで

記録するためには、大きさを測っておく必要があります。

他に、こんな物もあれば便利だというものを記しておきます。

・プラスチックの箱――壊れやすい小さな標本を入れるのに便利です。
・小刀、金切りハサミ――標本を切り取ったり、からんだ漁網を切るのに使います。
・帽　子――海岸は日陰が少なく、砂の反射も強いです。
・水　分――水筒か、出発前にジュースか、お茶を買っておけば便利です。（長距離を歩けば喉《のど》が渇きます。熱中症には気をつけましょう。）
・タオル
・ハンカチ
・チリガミ
・雨　具――長距離を歩く場合は、前もって天気予報を調べておきましょう。雨が降りそうな場合、ビニールのカッパぐらいは用意しておきましょう。私も海岸歩きをはじめたころは準備不足で、雨に降られたことがありました。天候が悪い日は、できるだけ避けたほうがよいでしょう。折りたたみの傘は、風が強い時にはすぐ骨が折れたり、飛ばされたりします。

・履き慣れた靴――海岸を歩く時には、履き慣れた靴がいいです。特にスニーカーが一番です。場所によっては長靴かトレッキングシューズがいいでしょう。
・弁当と甘いもの――歩く距離によりますが、弁当は用意しておいたほうが安心です。その他にミカン、アメ玉などの甘いものがあれば、疲れがとれます。
・リュックと手提げ――漂着物を入れるのですから、最初からあれこれ入れて重くせず、できるだけ軽くしておくことが一番です。手提げに入れながら、少しずつ、リュックに移していけばよいでしょう。

天候には気をつけて……

こんなことは絶対にしない！

海岸歩きで注意すること

前もって天気予報を調べておき、雷の予報が出ている場合には、海岸歩きは避けたほうがよいでしょう。また、歩いている途中で天気が激変し、雷が発生した時には、大きな松の木の下などに逃げないことです。雷は、巨木に多く落ちています。

海岸には、いろいろな物が漂着しています。危険な物もたくさんあります。投げつけたり、叩いたりすることは絶対にやめましょう。ものによっては、爆発して大ケガをしたり、死亡事故が起きたりもしています。また、ビンや漁業用の大きな電球なども漂着しています。割らないように注意しましょう。

流れ着いたビニールやプラスチックゴミを見ると、片付けたくなります。でも、すべてを一カ所にまとめることは一人では無理です。少なくとも、自分の持って来た缶や弁当の容器は、責任をもって持ち帰るようにしたいものです。

・目印はしっかりと

例えば、イルカの骨格など標本として残したいものがあれば、一、二年砂に埋めておけば、立派な標本ができます。五〇センチほど掘って、埋めておく方法もあります。

そして、目印を確実に。砂丘に埋めておくと砂は絶えず動き、あたりの景観が変わって、どこに埋めたのかわからなくなります。目印になる松林や岩などの近くに埋めるか、目印を付けておくことです。

・漂着物を拾うコツは

風が強く、海が荒れた日や台風の去った日の翌日に浜に出ると、漂着物でいっぱいです。漂着物が波打ち際から陸側まで幅広くある場合は、その間を往復することになります。拾いたいものを見つけたら、「まあ次にするか」ではなく「チャンスは一度」の気持ちで拾ってください。

漂着物を拾うだけでなく、砂丘に寝ころんで、海を、風を感じてみると、海岸歩きが一層楽しくなります。心も癒されますよ。

海、波、砂浜、漂着物、何処を見ても……

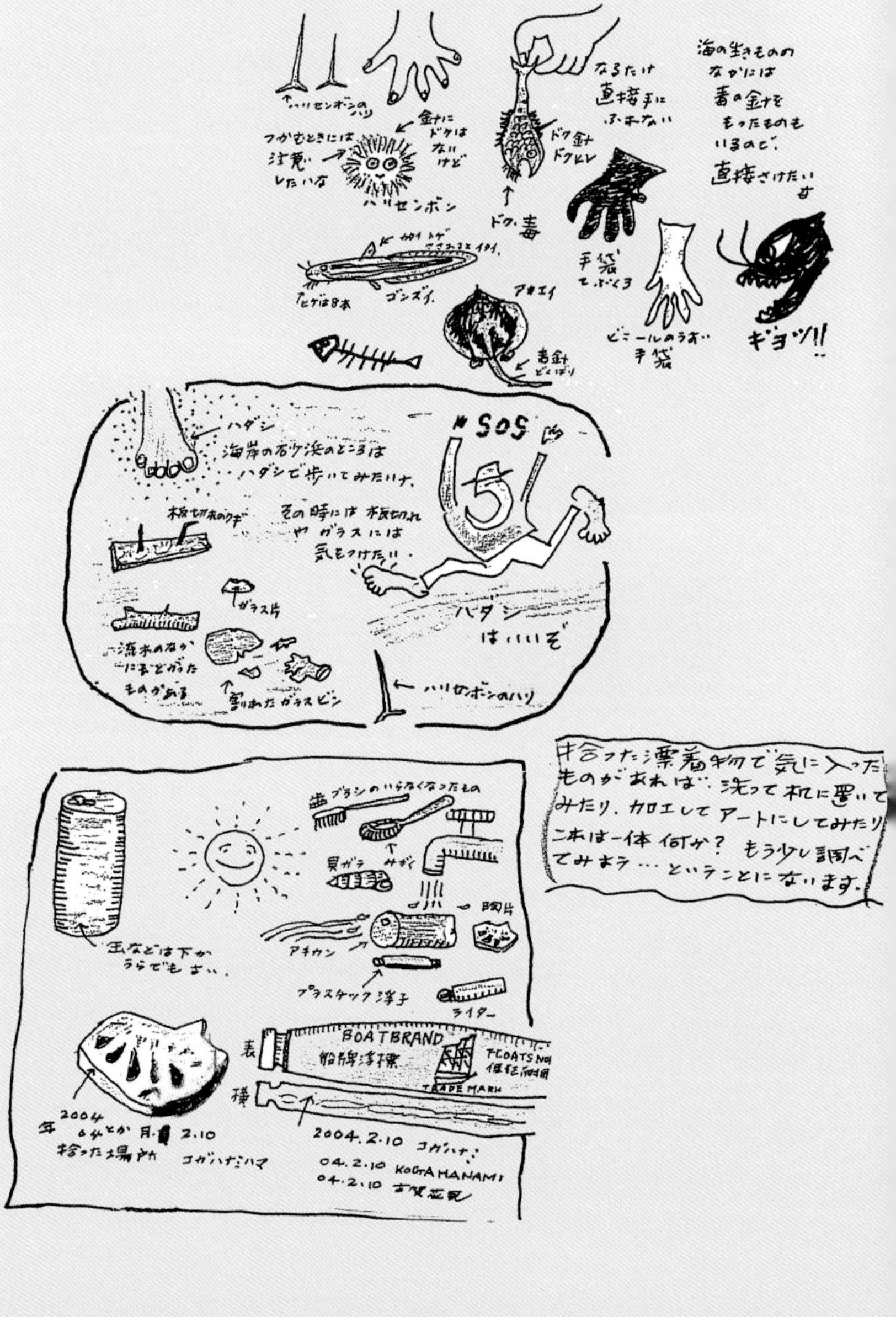

漂着物の整理と保存

海岸を歩くと、一つや二つは持って帰りたいものがあります。

長くビーチコーミングを続けていると、保存していたものが、色がさめたり、破れたり、壊れたりして、交換するために新たに拾うことがあります。

拾った漂着物はまず水洗いをして、乾燥させ、油性のマジックで、採集した場所、年月日を書いておくと便利です。できれば記録ノート（フィールドノート）を作って、歩いた場所、拾ったもの、写真があればノートに添付（貼りつける）すると役立ちます。記録はメモ程度で、最低限度にとどめるといいでしょう。

私は、保存にインスタントコーヒーのビンを利用します。大小ありますが、漂着物の大きさにあわせて使っています。蓋《ふた》がネジ式になっており、それに口が大きいので、利用するのに最適で、主に、植物の種子や小動物の骨などを入れたりしています。

最近はガラス製のものが少なくなっていますが、プラスチック製のものでも口の広い海苔《のり》の容器は利用価値が高いものです。これは、ゴミ収集置場などで時折見つかります。

大小のびんを使って整理する

整頓するとわかりやすい

筆者の漂着物収納庫

漂着物アートいろいろ

漂着物アート

拾ってきたものを分類して、箱の中に入れ保存することも一つの楽しみ方ですが、ものによっては、部屋に飾ってみるのも楽しいものです。

流木など、波と風に洗われ、それ自体がアートになっているものもありますし、採集したものに少し手を加えて、色を塗ったりすると面白いものになります。

流木を組み合わせて額縁を作る人や、魚や鳥のオブジェをつくる人もいます。いろいろと楽しみ方があります。

漂着物学会のこと

二〇〇一年、漂着物学会は、南国土佐、高知県・黒潮町（旧大方町）で誕生しました。漂着物や海が好きな七人が黒潮町に集まり設立、その年の十一月の設立総会には全国から三十七名が集まりました。今では、北は北海道から、南は沖縄まで会員が約三百人ほどいます。

学会は年に一度、一泊二日で総会を開き、開催地でビーチコーミングをしたり、会場で研究発表や各地の漂着物の展示、同定会を行ったりしています。夜は各地の情報を交換し合います。

学会報は、年四回、会報の『どんぶらっこ』を発行し、学術雑誌『漂着物学会誌』も年一回発行しています。また、優れた研究者には、奨励金を出すことも決められました。

会員の中には、それぞれの分野で専門に研究している人や大学の先生もおられ、ビーチコーミングや発表会で直接指導を受けたり、専門的な話を聴いたり、漂着物の同定（生物の分類上

漂着物アートギャラリー

陶磁片と流木で作った鳥のオブジェ
田代　恒雄　作

流木で作った鳥のオブジェ（上）アオイガイと流木で作ったランプ（下）鈴木　弘仁　作

波打ち際の流木アート　郷津　晴彦　作

の所属や種名を決めること）してもらうことができます。学会の設立の趣旨は次の通りです。

（前略）

今まで分散的であった海に関する情報を一本にして、多くの目や情報により、あらゆる角度から検討を加えていくことができるならばと思います。

　この会は、色々な関心や研究を一定の枠の中にはめ込むのではなく、詩的ロマンを追うもよし、古老の話から漂着の民俗を求めたり、動・植物から追求されてもよく「漂着物学会」は、あらゆる分野を網羅した自由な会であればと願います。そして、子どもから大人まで気軽に海や漂着物との対話ができ、その中から「科学の目」も育っていくならばと思います。

　私達は、素朴な疑問と平凡な積み重ねを大事にして、幅広く多くの同志を募りこの会を設立したいと考えています。二十一世紀を迎え、まさに「潮もかないぬ、今こぎいでな」です。

学会の事務局、年会費は次の通りです。

〒789－1911　高知県幡多郡黒潮町浮鞭3573－5　NPO砂浜美術館事務局内

電話番号：0880－43－4915／FAX：0880－43－1527／E-mail：nitari@sunabi.com

年会費　普通会員 三、〇〇〇円　団体会員 五、〇〇〇円　賛助会員 一〇、〇〇〇円／一口

海が好き、漂着物が好きな人は是非、漂着物学会に入ってください。

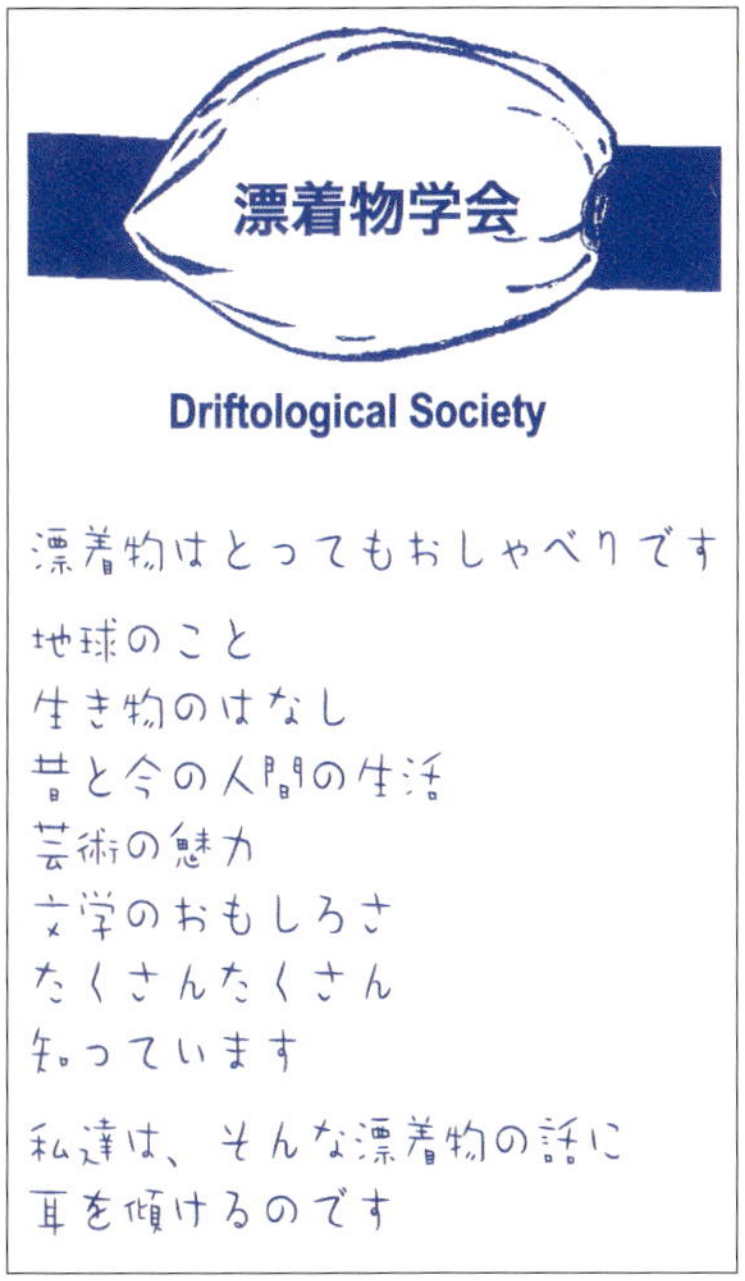
漂着物学会
Driftological Society
漂着物はとってもおしゃべりです
地球のこと
生き物のはなし
昔と今の人間の生活
芸術の魅力
文学のおもしろさ
たくさんたくさん
知っています
私達は、そんな漂着物の話に
耳を傾けるのです

漂着物学会の旗

漂着物に取り組んだ少女

皆さんの中には、漂着物を調べてみようと考えていたり、関心を持っている人もいるでしょう。福岡市に住む財部《たからべ》文乃《あやの》ちゃんは、小学二年生のころ、家が海辺に近いところにあり、よくお母さんと海岸を散歩していました。

ステキなものがみつかるかな？

「なぜだろう」からはじまる

風の強く吹いた翌日の浜を歩くと、たくさんの漂着物が浜を埋め尽くしています。沖から寄せられた貝殻やシーグラス（海岸や湖畔などに流れ着くガラスの破片。波にもまれたり砂に摺れたりして角が取れ、曇りガラスのような風合いになる）などが、よく目につきました。拾い上げたそれらは、文乃ちゃんの小さな宝物として、机や引き出しの中で、光り輝いていました。

漂着物の中には、見たことのない文字が印刷されたペットボトルや紙パックもあり、なぜこんなものが流れ着くのか不思議で、お父さんやお母さんに尋ねてみると、韓国のハングル文字であることや、中国や台湾のものであることを知りました。浜を歩く時には、そんな容器や紙パックの文字をメモにとったり、お母さんに写真を撮ってもらったりしました。また、日本国内には自生しない椰子の実なども拾いました。

それらを整理して、夏休みの宿題として提出し、その年の学校のコンクールでは銀賞をもらいました。さらに、三年生、四年生と研究を積み重ね、内容も一段と深まりました。漂着物を分類して、国別の一覧表もつくりました。

四年生の時には、流木やシーグラスで作品をつくりました。また、五年生の時には、冬になると玄界の浜に多く漂着するアオイガイ（八二ページ参照）の紙クラフトにも挑戦しました。

平成二十二（二〇一〇）年、六年生の時には、福岡で行われた第十回漂着物学会で、今まで自分が見たこと、聞いたこと、採集したものをまとめて発表し、学会員を驚かせました。

いま、文乃ちゃんは中学生になって、新たな漂着物に取り組んでいます。

プロセス（段階）が大切

私たちのまわりには、いろいろな不思議がたくさんあります。

最初は、両親にサポートしてもらいながら、次第に自分で調べてみる。集めてみることからはじめて、だんだん一つのものが完成し、発展していくものだと思います。

ややもすれば、インターネットなど、ボタンを押せばすぐに、たくさんの情報が入ってくる時代になりましたが、「本を読んで調べる」「手にとって考えていく」というプロセス（段階）は、直接将来の進路にはつながらなくても、決して無駄にはならないと思います。

一つのものをつくっていくプロセスが大切

シーグラスでキャンドルグラスをつくる

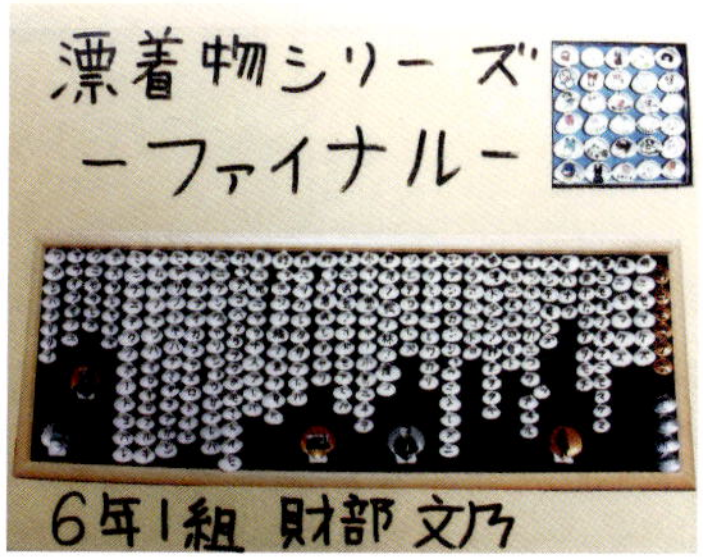

貝殻に一字一字書いて作った宮沢賢治の「雨ニモマケズ」の額

海からの贈り物

ジャンボサイズのイカ ― ソデイカ

浜を歩くと、海藻や魚介類も多く漂着します。死んだもの、貝殻もありますが、浜でピチピチ跳ねているものもあります。

冬の玄界の風物詩とも言えるものに、ソデイカ拾いがあります。ソデイカは、胴だけでも四、五〇センチほどもある、ジャンボサイズのイカです。波打ち際に流れつき、砂浜でバシャバシャしています。身の厚さ四、五センチ、刺身にすれば、百人分がとれるものもあります。十月末から翌一月まで漂着があり、それを拾おうと多くの人が浜を歩いています。

一度拾ったら、その大きさには感動すら覚えます。私の家内も、ソデイカは大喜びです。もう数年前になりますが、一月二日、二人で海岸を歩いて三社参り（正月の初詣で三つの神社を詣でる、九州・中国地方の一部での風習）に行く途中に見つけて、感激していました。

季節の漂着物を味わう

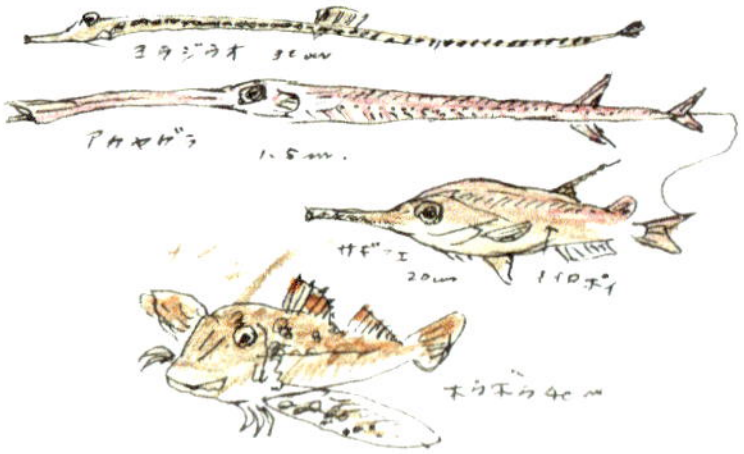

玄界の浜に打ち上がる変わったサカナ

イカの次は、二月ごろにカワハギ（ウスバハギ）という、全長四五センチもある魚がたくさん打ち上がります。白身の魚で、刺身によし、干物にしてもよく、鍋物にすれば最高です。このころにはマトウダイ、カレイ、ホウボウ、アカヤガラなども打ち上がります。イカやタコも上がります。

三月ごろの海の荒れた日には、福間や津屋崎の浜にオオマテガイが漂着します。長い水管を出しています。この貝は、『筑前国続風

春のワカメ拾い（古賀市）

貝堀り（古賀市花見浜）

ジャンボサイズのソデイカ

土記』にも出てきます。

また、大量に発生するバカガイ（アオヤギ）は、砂を含んでいますが、よく水洗いをして、干物にしたものは、豊前地方の名物で高級珍味です。さっと火にあぶると上品な味がします。

ナマコは「海鼠」と書きます。やはり海が荒れた日の翌日など、たくさん打ち上げられた海藻にくるまるようにして見つかります。昔は、手鉤《てかぎ》を持って海藻の中のナマコをさがしている人を見かけましたが、今はどうでしょうか。黒ナマコ、青ナマコ、赤ナマコがあり、赤ナマコが高級と言われています。

海藻のワカメについて書いておきましょう。早春の三月ごろにワカメが漂着します。このころのワカメは小さく、柔らかで、酢物にしても、味噌汁にしても美味しいです。四月から五月ごろには、養殖ワカメが漂着しますが、大きく、少しかたく、渋味があります。場所によっては、信じられないほどの量が浜に打ち上げられています。

浜歩き。大昔から四面海に囲まれている日本人が行ってきたものです。そこには海からの贈り物があったからです。冬の冷たい海ですが、「冬の寒さにも負けず」浜を歩いてみませんか。

海藻を採る

海からのメッセージ

海が近いところに住み、毎日海岸歩きをしながら娘と貝殻拾いをするうちに、貝殻ばかりでなく漂着物まで拾い集めるようになりました。ゴミと思っていたものが、角度を変えて見ると、歴史や民俗をはじめ、さまざまなものが見えてくるということも知りました。

もし、皆さんが住んでいるところに砂浜がなくても、漁村や入江があったら、そこを歩いてみてください。海からのメッセージが届き、海辺の過去を語ってくれるでしょう。

民俗学者の谷川健一氏は漂着物を「波打ち際の百科事典」と表現されています。

「なぎさ伝いに歩くのは百科事典のページをめくることに等しい。そこに打ち揚げられた漂着物は百科事典のそれぞれの項目に相当する。季節によって、場所によって、この項目は変わる」と。

海という大自然に接することは、身も心も癒され、また海の持つパワーも得ることができます。頰《ほほ》を撫《な》でる風、ひたひたと寄る細波《さざなみ》の音や、松籟《しょうらい》(松風)を耳にするだけでもいいと思います。

海岸に出て砂浜に横になり、波を見よう。

海には四季それぞれの貌《かお》があります。

季節にあわせて歩いてみよう。

落日　相島に夕日が落ちる

あとがき

本書は、当初、漂着物学会の会報「どんぶらっこ」に連載していましたが、途中、中断したものを、昨年（二〇一二年）から、加筆・修正をしてまとめました。

出版にあたり、木星舎の古野たづ子氏、波多江稿氏には、いろいろと無理を聞いていただきました。ありがとうございます。

また、写真、イラスト、版画を使わせていただいた田代克子氏、林重雄氏に、深く御礼申し上げます。

二〇一三年　盛夏

石井　忠

いつの時代も海を見ていた

参考文献

『漂着物博物誌』石井　忠　西日本新聞社　一九七七年

『新編　漂着物事典』石井　忠　海鳥社　一九九九年

『漂着物探験』石井　忠・城戸　洋　みずのわ出版　二〇〇四年

『海流の贈物』中西弘樹　平凡社　一九九〇年

『種子はひろがる』中西弘樹　平凡社　一九九四年

『漂着物学入門』中西弘樹　平凡社　一九九九年

『北海道の漂着物』鈴木明彦　北海道新聞社　二〇〇六年

『海ゴミ―拡大する地球環境汚染』小島あずさ・真　淳平　中央公論新社　二〇〇七年

『国史大系　日本書紀私記・釈日本紀・日本逸史』黒板勝美、國史大系編集會吉川弘文館、一九九九年

『萬葉集釋注』巻第三　巻第四　伊藤博　集英社、一九九六年

『海』　宇田道隆　岩波書店、一九六九年

『日本の古代　縄文・弥生の生活』森浩一編　中央公論社、一九八六年

『縄文文化の研究・第二巻』千浦美智子　雄山閣、一九九四年

『鳥浜貝塚一九八三年度調査概報・研究の成果―縄文前期を主とする低湿地遺跡の調査四』鳥浜貝塚研究　グループ　福井県教育委員会、一九八四年

『山陰風土と生活―科学随想』直良信夫　山陰中央新報社、一九七九年

『胎児の世界―人類の生命記憶』三木成夫　中央公論社、一九八三年

『正倉院よもやま話』松嶋順正　学生社、一九八九年

『日本書紀』四・五（日本古典全書）武田祐吉　朝日新聞社、一九五六年

『海と漁の伝承』宇田道隆　玉川大学出版部、一九八四年

『地球と海の生命―海洋生物地理学序説』西村三郎　海鳴社、一九八一年

『続日本後紀』全現代語訳（上）森田悌　講談社、二〇一〇年

『今昔物語集（6）』永積安明、池上洵一　平凡社、一九六八年

『鯨とイルカのフィールドガイド』大隅清治　東京大学出版会、一九九一年

『イルカの集団自殺』森満保　金原出版、一九九一年

『播磨国風土記』沖森卓也・佐藤信・矢嶋泉　山川出版社、二〇〇五年

『平家物語（二）』杉本圭三郎　講談社、一九七九年

『新版　全譯　吾妻鏡』第三巻　新人物往来社、二〇一一年

『新版　全譯　吾妻鏡』第五巻　新人物往来社、二〇一一年

『北越雪譜』鈴木 牧之　岩波書店、一九七八年

『日本後紀』黒板勝美、國史大系編集會、吉川弘文館、一九七四年

『古今著聞集』橘 成季　新潮社、一九八三年

『信仰と民俗』小倉学　岩崎美術社、一九八二年

『続日本紀』林陸朗　現代思想社、一九八六年

『東西遊記』橘 南谿　平凡社、一九七四年

『熱帯有用植物誌』金平亮三　南洋協會臺灣支部、一九二六年

『東南アジアの果樹』農林省熱帯農業センター　農林統計協会、一九七四年

『香辛料の世界』リュシアン・ギュイヨ　白水社、一九八七年

『オウムガイの謎』小畠 郁生　筑摩書房、一九八七年

『出雲の竜蛇』　上田 常一　園山書店、一九七二年
『日本旧石器人の探求』　直良信夫　六興出版、一九八五年
『筑前国続風土記』　貝原 益軒、伊東 尾四郎　文献出版、一九八八年
『新訂　旧唐書倭国日本伝・宋史日本伝・元史日本伝―中国正史日本伝〈2〉』　石原道博　岩波書店、一九八六年
『日本思想大系〈20〉寺社縁起』　桜井徳太郎、萩原龍夫、宮田登　岩波書店、一九七五年
『続南方文化の探究　薩南、琉球の島々』　河村只雄　創元社、一九四二年
『東遊雑記―奥羽・松前巡見私記』　古川古松軒　平凡社、一九六四年
私家版「ウキウキ通信」「ウキウキ事典」　林 重雄（愛知県）・・浮子の研究・情報満載。通信は平成二十五年現在もつづく。
私家版「のらつうしん」中司光子（北海道）・・漂着物の情報、環境など毎日発行（二〇一三年六月三十日で一六三九号になる）。
　自ら車で全道をまわり、漂着物さがし取材。
私家版「よこばい通信」京馬伸子、佐藤照美（横浜市）・・横浜を中心にビーチコーミング、漂着物展示活動。

2011 年 3 月 11 日の東日本大震災から 1 年 2 カ月後、被災した岩手県陸前高田市の少年のサッカーボールが、太平洋を越えてアメリカ合衆国アラスカ州西海岸の島に漂着。無言の漂着物が、語り尽くせないメッセージを届ける。

伊良湖岬で椰子を見つけた著者(版画　林　重雄)

石井　忠〈Ishii Tadashi〉
1937 年、福岡県生まれ。國學院大学文学部史学科卒業。中学、高等学校教諭、九州産業大学非常勤講師を経て、2013 年 3 月まで古賀市立歴史資料館館長を勤める。福岡県文化財保護指導員、福岡市文化財保護審議会委員など歴任。漂着物学会を立ち上げ、会長を勤める。日本デザイン会議地域文化デザイン賞(1983 年)、福岡県文化賞（1998 年）受章。
著書、『漂着物博物誌』西日本新聞社（1977 年)、『新編　漂着物事典』海鳥社（1999 年）『漂着物探験』共著　みずのわ出版(2004 年）他

ビーチコーミングをはじめよう
〈海辺の漂着物さがし〉

2013 年 8 月 12 日　第 1 刷発行
著　者　石井　忠
発行者　古野たづ子
発行所　図書出版木星舎
〒 814-0002　福岡市早良区西新 7 丁目 1-58-207
TEL 092-833-7140　FAX 092-833-7141
印刷　大同印刷株式会社
ISBN978-4-901483-51-3 C0039